U0268345

CARBON TRADING AND CARBON MARKETS:

MECHANISMS, POLICIES AND PRACTICES

碳交易与碳市场

机制、政策与实践

王珊珊◎著

经济管理出版社
ECONOMY & MANAGEMENT PUBLISHING HOUSE

图书在版编目（CIP）数据

碳交易与碳市场：机制、政策与实践 / 王珊珊著.

北京：经济管理出版社，2024. -- ISBN 978-7-5096
-9827-3

Ⅰ. X511

中国国家版本馆 CIP 数据核字第 2024X22A20 号

组稿编辑：范美琴

责任编辑：范美琴

责任印制：许 艳

责任校对：陈 颖

出版发行：经济管理出版社
　　　　　（北京市海淀区北蜂窝 8 号中雅大厦 A 座 11 层　100038）

网　　　址：www. E-mp. com. cn

电　　　话：(010) 51915602

印　　　刷：唐山玺诚印务有限公司

经　　　销：新华书店

开　　　本：720mm×1000mm/16

印　　　张：13

字　　　数：248 千字

版　　　次：2024 年 9 月第 1 版　　2024 年 9 月第 1 次印刷

书　　　号：ISBN 978-7-5096-9827-3

定　　　价：99.00 元

前　言

　　本书探讨了碳交易机制的核心原理、全球碳市场的发展现状以及中国碳市场的建设进展，涵盖了与碳市场相关的各个方面，包括从碳排放数据的监测到抵消机制的实践、从碳市场配额分配到企业碳资产管理等内容。

　　第 1 章对碳交易的基本概念进行了详细介绍，分析了全球各地区碳市场的发展现状，并展望了未来的发展趋势。第 2 章着眼于中国碳市场的建设，解析了试点地区情况以及未来的发展重点。第 3 章介绍了国内外碳排放数据监测、报告和核查体系的运作机制，以及未来的发展趋势。第 4 章讨论了碳市场配额总量设定与配额分配的一般方法，探究了相关的政策和规定。第 5 章深入探讨了碳市场抵消机制原理和实践经验，为读者解读了 CCER 项目的开发与交易实践。第 6 章分析了国际国内企业碳中和目标及科学碳目标的案例，探讨了企业应对气候变化的行动与策略。第 7 章探讨了绿色金融与碳金融的发展机遇，分析了绿色金融政策体系的建设以及碳金融在实践中的应用。第 8 章分享了企业碳资产管理实践与经验，为读者提供了在碳市场中有效管理碳资产的参考依据。第 9 章涉及企业碳交易与中国碳市场价格影响机制，剖析了碳价格的形成机制以及对企业经营的影响。第 10 章则聚焦于林业碳汇项目的开发与地方交易市场的分析，探索了碳市场在不同领域的应用前景。第 11 章则讨论了企业 ESG 投资评价与气候相关信息披露，强调了企业在可持续发展方面的责任和义务。

　　本书旨在为读者提供关于碳交易与碳市场的全面内容，为政策制定者、企业家、研究人员以及其他利益相关者提供指导和启发。通过阅读本书，读者能够系统地理解碳达峰、碳中和的概念；识别双碳背景下短期、中期和长期的产业红利和投资机会，进而促进碳市场的健康发展。

目　录

1 碳交易机制原理与全球碳市场展望

本章主要围绕碳交易机制的基本原理及全球碳市场的现状进行阐述，分为以下四个部分：首先，深入探讨了碳交易的气候背景，详细阐述了应对气候变化所需的科学和政策基础，使读者强化对该议题的全局认知。其次，追溯了碳交易机制的起源与发展历程，详细描述了其 20 多年的演变过程，呈现出清晰的发展轨迹。再次，重点聚焦于全球范围内各地区碳市场的发展现状，突出阐述了我国在全球碳市场中的占有率，并对其他地区碳市场历经十几年甚至更长时间的发展所取得的成就进行了全面介绍。最后，展望了全球碳市场未来的发展趋势与前景，提出了对未来发展方向的深刻思考。

1.1 碳交易的气候背景

1.1.1 应对气候变化的科学背景

碳市场的发展，全球气候变化是最根本的原因，它是一个自然科学问题。我们日常能够感受到或者看到的，包括由极端天气所引起的一些自然灾害，主要是由于全球气温升高带来的相应变化。它导致了很多对人类生活造成巨大影响的自然现象，如海平面上升、冰川融化以及生态旱灾。近年来我国也出现了很多极端的气候现象，如龙卷风、2022 年河北夏季超过 40℃ 的高温天气等。全球每年的温室气体总排放量近 600 亿吨，其中二氧化碳排放超过 400 亿吨。中国每年的温室气体总排放量约为 130 亿吨，其中二氧化碳排放约为 100 亿吨。

在气候变化领域，权威的研究机构如来自联合国的政府间合作机构，它们进行了大量的研究，得出了许多权威的数据。从国内来看，中国气象局每年都会编写《中国气候变化蓝皮书》，如图 1-1 所示，从总体趋势来看，1850~2019 年全球的平均温度在不断上升。

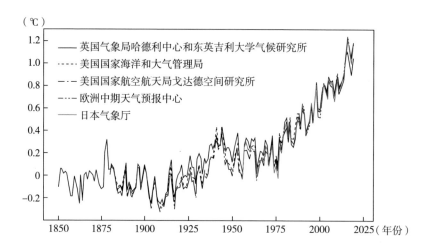

图1-1　1850~2019年全球平均温度距平（相对于1850~1900年平均值）

资料来源：IPCC报告及《中国气候变化蓝皮书（2020）》。

首先，全球气温升高是最主要的自然观测现象。根据中国气象局的数据，过去几十年，全国各地的平均气温均有显著上升。在中国的很多省份或地区，尤其是北方，气温上升的趋势尤为明显。例如，据麦肯锡《应对气候变化：中国对策》报告，2019年北京的平均气温比20世纪80年代高出约1.5℃。20多年前，许多北方城市对空调的需求量不大，夏季最热的阶段通常只有3~5天，而现在，大多数地方都需要安装空调以应对越来越长的高温期。

其次，虽然人们在日常生活中不太容易感受到，但全球海平面的上升是一个不容忽视的事实。根据美国国家海洋和大气管理局（National Oceanic and Atmospheric Administration，NOAA）的数据，过去十年是工业革命以来最暖的十年，全球平均海平面也达到了有观测记录以来的最高值。具体而言，自1993年以来，全球海平面以每年约3.3毫米的速度上升。特别是根据《自然·气候变化》杂志的报道，2010~2020年，海平面上升的速度有所加快，达到了每年约4毫米。

1988年世界气象组织与联合国环境规划署组织了全球3000多名各领域的科学家，成立了联合国政府间气候变化专门委员会（以下简称IPCC）。这是一个国际性的、专业权威的组织，旨在研究气候变化的科学事实以及全球变暖对人类活动的影响。该组织从1990年开始每隔5~6年发布一次全球评估报告，最近的评估从2022年开始进行，是第六次全球气候变化的评估。

　　根据 IPCC 的研究结果，学者们得出了一些重要的、基础的、科学的结论。首先，人类活动带来的气体排放使大气中的温室气体浓度上升，增强了温室效应，导致全球变暖，这是最基本的科学结论。现在主要的温室气体有七种：二氧化碳（CO_2）、甲烷（CH_4）、氧化亚氮（N_2O）、氢氟碳化物（HFCs）、全氟碳化物（PFCs）、六氟化硫（SF_6）和三氟化氮（NF_3）。其中，与工业相关的气体，如 HFCs 和 PFCs 属于一类工业气体，尽管它们的排放量不大，但其造成的温室效应可能是二氧化碳的几百倍，甚至上万倍，因此它们也对全球变暖产生一定影响。具体到这七种温室气体，二氧化碳是最主要的，占整个温室气体的 70%～80%，二氧化碳（CO_2）主要来自能源生产和水泥工业。甲烷和氧化亚氮分别占 8% 和 6%，甲烷（CH_4）的主要排放源包括燃料使用、生活垃圾处理、农业和畜牧业；氧化亚氮（N_2O）主要来自燃料燃烧和硝酸等生产工程肥料的使用。因此，主要需要控制的仍然是二氧化碳。监测数据显示，在 1850 年之前，大气中二氧化碳的浓度为 280ppmv，现在已经接近 400ppmv，变化幅度较大。氢氟碳化物的主要排放源涵盖半导体制造、发泡剂和冷媒等的使用。全氟碳化物的主要排放源是半导体生产和制冷行业。六氟化硫的主要排放源包括液晶显示器、半导体工艺和变压设备的生产。三氟化氮的主要排放源是液晶显示器、半导体工艺和激光器的生产。

　　IPCC 自成立以来一共发布了六次评估报告，前五次主要围绕人为活动，如化石能源燃烧和土地利用等，将其作为基础展开研究。温室气体排放被确认为引起当前气候变化的主要原因，其可信度从 2002 年第三次评估报告的 66% 提升到 2013 年第五次报告的 95%。

　　第二个结论是从最新一次（第六次）评估报告来看，最新的研究重点和结论与过去的结论关联度并不大。此次报告重点在于评估未来若干年，人类将温室气体的浓度和温度控制在什么水平，才能更好地抑制全球变暖。报告提出，到 2050 年应该实现全球的净零排放，才能将温度上升控制在 1.5℃ 的范围内，并在 21 世纪末将全球升温控制在 2℃ 内。如果全球平均升温超过 1.5℃ 或者超过 2℃，可能会带来一系列非常严重的气候灾难，包括海平面上升和大量沿海城市被淹没。

　　第三个结论是甲烷减排从科学共识向政治共识转变。国际社会对甲烷减排的关注度明显增大，范围也明显扩展。作为除二氧化碳减排以外的另一个科学结论，从 2018 年起国际上开始关注甲烷这一排放量第二大类的温室气体，并进行了大量研究，包括自然观测和对全球变暖评估的成因分析。联合国与各个国家也推出了一些政治性的措施，发布了减排宣言。

我国自 2020 年起广泛召开与应对气候变化相关的大型会议，并制定了相关的政策性文件，开始强调在低碳环保进程中对甲烷减排工作的要求。最为明确的表述包括两点：一是在 2021 年 10 月，中共中央和国务院发布的《中共中央　国务院关于完整准确全面贯彻新发展理念做好碳达峰碳中和工作的意见》中，提到了要加强对甲烷等非二氧化碳温室气体的管控；二是在 2021 年我国向联合国提交的国家自主贡献（Nationally Determined Contributions，NDCs）文件中，也明确规定了在能源领域对甲烷减排进行相应的管控。

1.1.2　应对气候变化的政策背景

1992 年，在巴西里约热内卢召开的联合国环境与发展大会上，通过了一个极为重要的国际公约——《联合国气候变化框架公约》（United Nations Framework Convention on Climate Change，UNFCCC 或 FCCC），奠定了未来几十年国际上相关政府首脑在气候变化议题上谈判法律框架的基础。这是世界上第一个为全面控制二氧化碳等温室气体排放以应对全球气候变暖给人类经济和社会带来不利影响的国际公约，其目标是将温室气体浓度稳定在气候系统免遭破坏的水平上。《联合国气候变化框架公约》以共同但有区别责任原则为指导，为各国规定了不同的权利和义务。会议确定了对我国极为重要的共同但有区别的责任，要求发达国家义务帮助发展中国家共同应对气候变化，并提供资金和技术支持。

根据《联合国气候变化框架公约》，每年举行一次联合国气候变化框架公约缔约方会议，简称联合国气候变化大会（United Nations Climate Change Conference，COP）。这个大会的目的是制定切实可行的减排方案。其中，有几个具有里程碑意义的事件：

第一，1997 年（COP3）通过了具有法律约束力的《京都议定书》，规定了发达国家在 2008~2012 年的量化减排义务。同时，该议定书明确了三个灵活机制，即三个市场交易机制。这表示要通过市场化手段，在国际碳交易市场上促使发达国家与发展中国家进行资金和技术的交易。通常的做法是，在发展中国家投资建设减排清洁能源项目，并将所获得的减排指标用于发达国家完成减排义务和任务。由此便产生了碳交易制度。

第二，2007 年通过了"巴黎路线图"，明确了 2012~2020 年应对气候变化的国际合作机制，有效弥补了《京都议定书》期限仅到 2012 年的不足。

第三，2011 年南非德班开启"德班平台"，启动了 2020 年后所有国家参与减排的谈判授权。2012 年年底，在卡塔尔多哈气候大会上，通过了《京都议定书》第二承诺期，为 2012~2020 年的国际合作机制应对气候变化做出了安排。然而，由于一系列问题，包括经济危机等，很多发达国家退出了《京都议定书》，导致全球碳市场在 2012 年之后受到相当严重的冲击。

第四，2015 年（COP21）习近平主席首次以中国国家领导人身份出席在法国巴黎召开的气候大会，并在会上与时任美国总统奥巴马宣布中美携手，推动达成新的全球性气候协议——《巴黎协定》。该协议确定了 2020 年之后全球各国应对气候变化应达成的重要目标。

《巴黎协定》采用了一种以自下而上为主、兼具自上而下的方式。联合国直接分配了发达国家的量化减排目标，并强制各国完成相应的履约义务。各国根据实际情况确定目标的数量和完成情况，联合国对这些目标的完成结果进行评估。这也是《京都议定书》和《巴黎协定》最大的、根本的区别。其中可能存在的不协调问题需要各国与联合国进行协调、沟通和谈判。

《巴黎协定》是一个新的里程碑，重拾了国际社会通过国际合作来解决应对气候变化问题的信心。其影响体现在碳排放"零成本"时代的终结，可再生能源等非化石能源的加速发展，以及传统化石能源行业将面临痛苦的转型。此外，该协定为国际碳交易市场的链接和建立奠定了基础。

受新冠疫情的影响，2020 年联合国气候变化大会推迟一年召开。2021 年于英国格拉斯哥召开了第 26 次缔约方会议（COP26），在会议上真正将《巴黎协定》的一系列条款和细则进行了落实，包括前文提到的全球温度上升控制在 1.5℃的目标、《巴黎协定》第六条市场机制细则基本确定（包括 6.1~6.8 八个细则）。同时，还发布了一系列联合声明，包括《全球退煤声明》最终达成（全球共同淘汰并退出以煤炭为主的能源产业）。在拜登总统上台后，中美再次携手共同应对气候变化，并发布了《中美关于在 21 世纪 20 年代强化气候行动的格拉斯哥联合宣言》，以及探讨了将国家自主贡献行动的评估时间提前等问题。可以说，2021 年的联合国气候变化大会取得了丰硕的成果，为大家以坚定的信心共同应对气候变化注入了动力。

此外，2022 年在埃及沙姆沙伊赫召开了第 27 次缔约方会议（COP27），有超过 3 万人参加。中国派出了庞大的代表团参与了这次大会的谈判。会上明确了全球要共同面对和适应不可避免的气候变化，并搭建了相关的目标框架。与此同时，对《巴黎协定》的温控目标（1.5℃以及 2℃）进行了重申，并强调在 2030 年前实现 43% 的减排进度以及万亿美元级别的可再生能源投资需求。为了推动建立全球适应目标（GGA），会议进行了进一步的磋商。另外，对《巴黎协定》第六条的技术细节进行了磋商并制定了下一步的安排（6.2 跨国合作模式与 6.4 新减排量市场机制）。

1.2 碳交易的起源与基本概念

1.2.1 国家（地区）减排政策工具的选择

在管理排放问题时，一个国家或政府通常会采取几种主要的方法，结合现实情况来看，普遍可供选择的有三种：命令型、财税型、市场型。

首先是命令型，过去的政府管理模式相对来说比较简单粗暴，一般都会采取直接命令的方式强制企业减排。如果企业排放超标，环保部门会直接派执法大队关停企业、贴封条或者罚款，其特点是直接有效，但是对企业伤害较大。过去这一方式在我国北方城市感受得比较深刻，比如北京每年遇到雾霾超标（达到黄色或红色预警级别）时，周边地区的有些企业会被政府强制关停，这种方式虽然行之有效但对于日常生产生活影响较大。

其次是财税型，相比直接命令来说会温和一些，财税型、经济型的手段现在使用得较多。具体可分为两种操作方法：第一种是对于污染排放较高的企业，通过收税的方式进行限制。对于碳排放而言，10 年前国家主管部门也有讨论，争论点在于选择碳税还是用碳市场的方式来降低碳排放，在财政部调研了国际上各个国家的碳税机制之后，提出中国的碳税是每吨碳征收 100~200 元人民币。对于一些大型能源企业来说，一年碳排放量以百万吨级计算，收取的碳税过高，企业的负担会很重。所以后续全国人民代表大会在环保税立法时，删除了碳税相关条文。第二种方法是补贴，对于现在很多新兴的产业如新能源产业，过去都实行过财税补贴的政策。补贴方式不可持续，完全靠补贴的方式推动一个产业的发展非常困难，对财政的压力很大。财税型虽然相对温和，但是不可持续，企业、政府都有很重的负担。

最后是市场型，在结合上述两种减排政策工具分析后，我们发现国际上已经做了非常好的经验借鉴，即采取市场型的方式。政府只需划定总量和边界，让企业之间交易排放的配额。每年发放相应的排放额度，企业之间就可以进行交易，有利于一个地区的减排。其优势在于，对政府而言，能精准地控制每家企业排放的情况；对企业来说，因为可以进行自由买卖，负担也会减轻，甚至一些企业还可能通过这种交易获得利润，整体来看这种方式的精准性和灵活性很高。

1.2.2 碳排放权交易的起源

碳排放权交易制度的起源可以追溯到 20 世纪，首次引入这一概念的是美国，其在进行以二氧化硫为主的排污权交易（SO_2 交易）时应用了这一制度。政府通过向企业分配特定的污染物排放许可（Allowance），旨在实现全社会或某一特定污染物排放总量的可控和可降低。这种交易模式在保护自然环境和控制成本方面发挥了积极作用。

自 20 世纪 90 年代以来，我国环保部门研究并引入了这种排污权交易方式。然而，由于二氧化硫的化学状态不稳定，排放到空气中会迅速与大气中的水结合形成酸雨，因此难以实现跨区域的控制。以河北某企业为例，其排放二氧化硫的剩余额度难以与四川、贵州等远距离地区的企业进行交易。此外，各地环保部门对于这种跨区域的额度交易存在互不承认的问题，难以形成全国范围内的整合作用，最终可能导致酸雨污染的加剧。

然而，碳交易与二氧化硫交易存在差异。碳排放较为稳定，而且导致温室效应的范围是全球性的，不受行政区域差异的影响。以相同的例子进行分析，中国排放的二氧化碳导致的大气浓度增加与美国排放的二氧化碳导致的大气浓度增加，从二氧化碳的全球循环角度上看，最终效果是相同的。因此，在某种程度上，它可以被视为一个全球流通的、相对稳定的商品，其效果同样具有全球性。这也是在《京都议定书》谈判时，美国首次提出将排污权交易扩展到碳排放（包括二氧化碳等温室气体排放权）交易的原因，当时得到了许多国家的认可。

碳排放权制度同样属于一种类似的方式。企业在生产经营过程中都不可避免地会排放一定量的二氧化碳，而排放量在不同企业之间存在差异，有的企业排放较多，有的企业排放较少。为了促使大家共同降低排放，最直接的方法是通过设定统一的减排目标，如降低总排放量的 10% 或减少 1 万吨排放。尽管这种方式在实践中是可行的，但从经济角度来看并非最为高效，因为企业之间存在着不同的减排成本，有些企业减排成本较低，而有些较高。

从全社会完成一个固定总量（减排目标）的角度来看，减排成本低的企业愿意增加减排措施，而减排成本高的企业则愿意支付额外费用，以实现总体最低的社会减排成本。然而，这仅仅是理论上的情景，在实际过程中会受到许多其他因素的影响。特别是在相对短期内（2~3 年内），减排效果可能并不十分显著。

然而，从长期（10 年或更长期）来看，一旦实施了碳定价，必定会对相关企业的生产经营产生深远的影响，推动企业朝着低排放模式进行相应转变。不同企业实现减排目标的时间可能各异。有的企业在本身发展良好或者获利丰厚的情况下，更倾向于购买碳排放权而非自行减排，这都是企业在自主决策中可行的方式。

针对我国的碳排放权，目前在执行的《碳排放权交易管理办法（试行）》中已经得到官方定义，即排放权是指在规定时间内分配给重点排放单位的碳排放额度。无论是在国际层面还是国内，碳排放额度通常是以年为单位进行分配，其也可以被称为碳配额，这仅仅是说法上的不同而已。

碳排放权的特点可从以下几个方面进行分析：

首先，政府支持是其显著特征。碳市场实际上属于政策市场，碳排放权必须得到政府的支持，否则这些排放权的价值将微乎其微，甚至接近于零。碳排放权具备商品属性和财产属性，可进行交易、抵押和流通，并具有长期有效性。同时，为了维持其有效性，还需要满足其他条件，如企业履行纳税义务等。

其次，碳排放权具有通用性。作为一种全球可交易的排放指标，碳排放权有能力形成一个市场。由于其得到政府的支持，可以被私有化，并具备财产的属性，因此可以进行交易，从而形成碳交易的市场机制。

最后，碳排放权具备商品和可交易的属性。举例而言，政府需要控制一个地区的总排放量，而企业的规模各异，对排放额度的需求也不同，因此涉及"蛋糕够不够吃"的问题。在这基础上，碳排放额度可以被视为商品进行交易，实现自由买卖，以满足双方企业的履约需求，甚至获取更多的利润。

1.2.3 碳交易的优势

碳交易的优势主要可以分为以下三点：

首先，碳交易有助于政府控制整个地区的碳排放总量。由于只有在降低总排放量的前提下，才能更好地实现温室气体排放控制目标，这是碳交易的核心目标。

其次，在总量控制的基础上，碳交易有助于降低全社会的减排成本。

最后，在总量控制的情况下，采用碳交易的企业可以获得一些额外的收益。本身拥有配额或碳排放权的富裕企业，可以通过出售实现一定可见的收益。对于其他企业而言，虽然购买碳排放权不能直接带来收益，但却能降低成本，也是一种实现经济效益的方式。

1.2.4　碳交易体系的基本构架

我国自 2012 年开始进行碳交易试点，经历了十年的发展，全国市场于 2021 年正式启动。最早的碳市场起源于 1999 年的英国，后来在 2005 年并入欧盟市场，相较于我国提前了七八年。然而，全球范围内的碳交易市场或碳交易体系的基本框架却是一致的，其核心要素有五个：

第一个要素是履约机制，主要解决企业和其他相关方参与碳交易的原因，这一切都在法律框架下得到保障。同时，履约机制保障了整个逻辑：政府下发配额，企业根据自身排放量提交配额以完成履约。关于未完成履约的企业，具体的处罚规则以及履约期限等都需要提前约定。履约机制是强制性的，要求企业自我管理，政府在此框架下对企业进行约束。唯有在具备约束力的前提下，企业才会积极参与碳市场。履约一般为每年一次。

第二个要素是覆盖范围，主要解决的问题是纳入哪些行业以及如何纳入。在选择行业时，有两个原则：一是企业整体排放量相对较大；二是该行业整体数据体系相对完整，便于后续交易工作。对于行业内企业，如何设定门槛存在三种模式：第一种方式是欧洲采用的，即根据生产设施规模来划分，企业只需使其生产设施达到规定标准即可纳入（如发电企业装机达到 20 兆瓦即可纳入）。第二种方式是我国采用的，主要关注企业某个设施在过去实际产生的排放量，并制定相应标准（我国现行标准为 2.6 万吨二氧化碳或 1 万吨标准煤），只要达到标准就可纳入。实际上，对于整体排放水平较高的高耗能企业，这两种计算方式的差异并不大。第三种方式是根据排放的温室气体类型进行划分。然而，由于目前国内外主要管控的是二氧化碳，大多数企业并不排放其他温室气体，因此这一方式相对简单。

第三个要素是排放报告与碳核查。政府制定的一套处理标准。无论是国际市场还是国内市场，都有相应的报告和核算指南，可理解为技术标准。此外，在企业报送数据后，政府需要验证其真实性。在碳交易领域，通常采用聘请第三方机构对数据进行核查的方式。此过程还需要政府提出核查工作指南，以指导第三方机构和企业完成相关工作。

最后两个要素是配额分配和总量目标。在确定整个碳市场的总量目标时，需要考虑两个因素：一是所在碳市场对应区域整体的减排目标；二是纳入的整个行业和企业整体的经济发展情况。如前所述，碳市场更像是一个工具，尽管能发挥作用，但可能会受到很多外部条件的约束，其中经济发展是最核心的约束。

在总量目标确定后，配额无论是通过免费分配还是拍卖的方式，都需要考虑如何分配到每个行业或企业，这也是一个非常重要的环节。由于碳排放额的特性是通过免费分配的，同时多余的额度可以通过交易变成收益，而不足的额度会转化为成本，因此涉及较大的利益相关性。因此，在分配时必须提前制定规划并综合考虑。碳交易体系基本构架如图1-2所示。

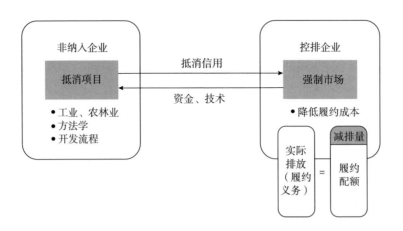

图1-2　碳交易体系的基本构架

1.2.5　碳交易的抵消机制

在了解整个碳交易的核心要素后，需要注意的是，在这些要素之外还存在抵消机制。这些机制可以被称为自愿减排、中国核证自愿减排量（China Certified Emission Reduction，CCER）、林业碳汇，在当前国际市场上使用较广泛的是核证碳标准（Verified Carbon Standard，VCS）。回顾过去，国际碳市场最早使用的是清洁发展机制（Clean Development Mechanism，CDM），它生成的减排量被称为核证减排量（Certification Emission Reduction，CER），而现今使用的CCER和VCS实际上也延续了CDM的机制。

抵消机制的原理相对简单，对于一些未纳入碳市场的企业，它们可以执行各种项目，包括工业、林业等各类项目，国际上称为方法学，可以理解为一种技术标准。企业将项目相关信息提交给政府或其他相关平台备案后，可以获得减排量。在政策允许的情况下，这些减排量可以进入碳市场，供履约企业使用，从而降低其实际成本。

在CDM最初提出时，与前文提到的发达国家对发展中国家的技术和资金支持相关，相当于发达国家购买发展中国家的减排项目和相应的减排量，某种程度上为发展中国家提供了技术和资金的支持。然而，由于数量庞大，冲击了国际上各国的碳市场，一方面给发展中国家带来了很多技术和资金上的好处，另一方面也因为出现了一批为了项目而做项目、为了获取资金而投资建设的项目，从全球减排的角度来看，并没有起到很大的作用，因此后来也受到广泛批评。

1.3 全球各区域碳市场发展现状

1.3.1 全球各区域碳市场现状

目前全球许多国家都参与了碳交易的相关事务，其中也包括一些以碳税为主的国家（如南非、阿根廷等）。尽管如前文所述，碳税并非主流方式，但这些国家也通过碳定价的方式来控制碳排放。

《京都议定书》于 1997 年通过，并在 2005 年生效。由于该协议需要全球排放量超过 55% 的国家签署才能正式生效，这标志着全球碳市场跨国交易正式拉开帷幕。自 2005 年至今，近 20 年的发展历程中，全球许多国家陆续建立了碳市场体系。目前，最主要的碳市场仍然是欧盟的碳市场，作为全球碳市场的推动者，欧盟的碳交易量和交易额均占据全球碳交易总量和总额的 3/4 以上。除欧盟外，中国、东南亚、澳大利亚、加拿大、北美等地也相继建立了自己的碳市场体系，全球已经有超过 60 个国家和地区建立了自己的碳市场，还有许多国家正在酝酿中，准备筹建碳市场。

另外，近年来，欧盟在推动实行碳边境调节机制（碳关税）。这一政策的提出对许多国家的碳市场建设产生了一定的倒逼作用。此外，美国和加拿大目前也在考虑建立自己的碳边境调节机制，主要目的是设定碳关税的碳壁垒，以保护本国企业。碳关税未来有可能会成为各国之间贸易的常态性体系。面对这一国际趋势，中国未来也需要做出相应的考虑。

1.3.2 国际碳市场交易类型

对于整个国际碳市场而言，政策机制的基础来自《京都议定书》。该协议在 2005 年生效后，落实了几个基本的交易机制，如表 1-1 所示。

表 1-1 国际碳市场交易机制

交易机制	交易原理		交易标的	买方	卖方
排放贸易 （Emission Trading，ET）	总量控制交易机制	碳配额	分配数量单位（Assigned Amount Unit，AAU）	附件一国家	
联合履约机制 （Joint Implementation，JI）	基线信用机制	碳减排信用	减排单位（Emission Reduction Unit，ERU）		
清洁发展机制 （Clean Development Mechanism，CDM）			核证减排量（Certified Emission Reduction，CER）	附件一国家	非附件一国家
自愿减排交易 （VCS、GS、CCB、IREC）	自愿原则	碳减排信用	核证减排量/核证绿色证书	各跨国企业	农林业碳汇、可再生能源企业

注：附件一国家是根据《联合国气候变化框架公约》（UNFCCC）特别指定的一组国家，包括发达国家和部分市场经济转型国家。附件一国家包括但不限于：澳大利亚、奥地利、白俄罗斯、比利时、保加利亚、加拿大、克罗地亚、塞浦路斯、捷克、丹麦、爱沙尼亚、芬兰、法国、德国、希腊、匈牙利、冰岛、爱尔兰、意大利、日本、哈萨克斯坦、拉脱维亚、列支敦士登、立陶宛、卢森堡、马耳他、摩纳哥、荷兰、新西兰、挪威、波兰、葡萄牙、罗马尼亚、俄罗斯联邦、斯洛伐克、斯洛文尼亚、西班牙、瑞典、瑞士、土耳其、乌克兰、英国、美国。

第一个是核心的配额机制，在《京都议定书》框架下，它被称为 AAU（Assigned Amount Units），这些单位专门分配给附件一国家。附件一国家包括发达国家和一些经济转型国家，它们依据《联合国气候变化框架公约》（UNFCCC）承担特定的减排义务。值得注意的是，并非所有发达国家都被归类为附件一国家，如韩国和新加坡，尽管它们是发达国家，但在《京都议定书》中并未被划为附件一国家。

第二和第三个机制是两个灵活机制，一个是联合履约机制，另一个是清洁发展机制。联合履约机制是一种政策上的妥协，主要针对苏联解体后的一些国家。由于《京都议定书》将所有国家的减排基准年设定为 1990 年，苏联在 1991 年解体后，所有在苏联解体基础上独立的国家的工业产值大幅下滑。例如，俄罗斯的排放量比 1990 年减少了很多，降低了 50% 以上。因此，按照 1990 年的标准分配的额度（AAU）使得这些国家在碳排放方面相对富裕。在经过多次政治协商和妥协后，最终决定这些在苏联基础上独立的国家的 AAU 不能直接进入全球的配额市场。相反，设定了一个门槛，只有在申请联合履约机制并将其转化成 ERU 后，才能进入全球市场。实际上，这更多的是一种政治上的妥协，主要是为了让俄罗斯、乌克兰等国家加入《京都议定书》，因此联合履约机制在一段时间后便不复存在。

第四个是自愿减排机制，它与国际碳市场和《京都议定书》关系不大，仅供比较之用。在国际碳市场兴起后，许多国际组织建立了自愿的交易平台和认证机制，如 VCS 和 GS 黄金标准等，还包括后来出现的国际绿证，都属于类似的机制。这些与联合国《京都议定书》下的碳市场毫无关联，都是企业自主采取的行为，更多地体现了企业社会责任。

1.3.3 国际碳市场覆盖规模

从 2005 年欧盟碳市场启动到 2021 年我国碳市场启动，全球碳市场的覆盖配额规模如图 1-3 所示，图中描绘了全球碳市场的增长。由此可见，自 2005 年启动以来，国际碳市场规模发展迅速，尤其是近年来随着中国碳市场的加入，以及许多新的国家碳市场的纷纷加入，全球碳市场规模在这两年内已经接近 100 亿的体量。碳市场所覆盖的排放占全球温室气体排放的比例扩大到之前的 3 倍，未来还将继续增加。

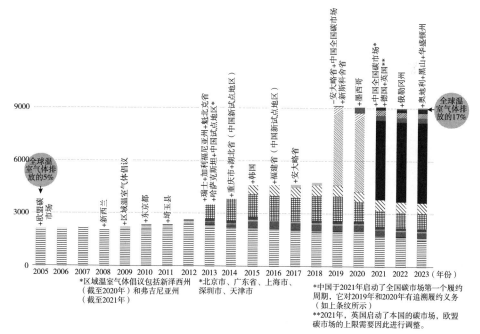

图 1-3　全球碳市场覆盖碳排放量演变图

资料来源：ICAP《全球碳市场进展 2023 年度报告》。

2023 年，奥地利、黑山和美国华盛顿州的碳市场开启，使得碳排放交易体系所覆盖的全球温室气体排放比例已超过 17%，是 2005 年欧盟碳市场启动时的 3 倍之多。这一变化过程同时受到新行业和体系增加、总量逐步收紧以及全球排放增加等因素的相互影响。

1.3.4　国际碳市场交易量走势

2018~2022 年，整个国际碳市场的交易额趋势如图 1-4 所示。欧盟碳市场在国际碳市场中占据最高比重，超过 80%，甚至更高。中国的碳市场虽然规模也相当可观，但全国市场直到 2021 年 7 月才开始运营。由于是现货交易，整体交易量和交易额与欧洲存在显著差距（欧洲主要是交易期货，现货占比很小，不到 5%）。到 2022 年，全球碳市场的交易总额突破 8650 亿欧元。随着《巴黎协定》第六条新市场机制的进一步实施，碳市场未来的发展前景将变得十分广阔。

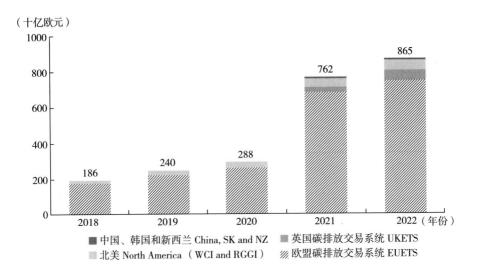

图 1-4　2018~2022 年全球碳市场交易额变化

资料来源：路福特（2023 年 2 月）。

1.3.5　国际碳市场运行情况——欧盟市场

如前所述，欧盟碳市场是全球碳交易市场的核心。欧盟排放交易体系自 2005 年 1 月 1 日起实施，是目前全球最大的排放交易体系之一，覆盖了 12000 多个排放源。这些排放源每年排放近 20 亿吨 CO_2，占欧盟总排放量的 40% 以上。欧盟的碳市场可以划分为 4 个阶段（见图 1-5），这些阶段与《京都议定书》的两个承诺期相关，因此划分得十分明确。第一阶段是 2005~2007 年，为试运行阶段。

图 1-5　2005 年以来欧洲碳市场价格走势（EUA 12 月份期货合约，欧元每吨）

资料来源：Refinitiv Eikon。

第二阶段，即 2008~2012 年，为过渡阶段。在这个阶段，欧盟碳市场的主要目标是确保各国更好地履行《京都议定书》框架下第一承诺期的责任，实际上取得了令人满意的成绩。由于受到《京都议定书》第一承诺期的影响，该阶段各国主要任务是对联合国履约，对联合国负责。因此，在欧盟碳市场中，欧盟更多地发挥了协调和统筹的作用。实际上，许多具体的策略或政策是由各国自主制定的，欧盟在这方面并没有过多干预或不能干预。

第三阶段，即 2013~2020 年，被定义为稳定阶段。在这个阶段，欧盟碳市场的规则和体系发生了巨大变化，完全形成了一个欧盟层面统一管理、成员国负责执行的框架体系。由于缺乏《京都议定书》的第二承诺期，各国不再需要对联合国承担责任，因此欧盟进一步统一了整个碳市场。无论是政策设定、配额分配，还是一些基础设施如注册登记系统，都由欧盟层面进行统一管理，各成员国则转变为具体执行职责的角色，而不再负责制定政策。

第四阶段涵盖了 2021~2030 年，即成熟阶段，当前我们正处于这一阶段。首先，在欧盟排放交易体系中，碳排放许可供应将以每年 2.2% 的速度逐年减少，同时进一步削减免费发放的配额数量。2022 年 12 月 17 日，欧洲议会议员和欧盟各国政府一致同意了欧盟碳市场（EU ETS）的改革方案，将 2030 年减排目标由 55% 提高至 62%，并明确了免费配额退出的时间表。

欧盟碳市场实施初期的第一个阶段在试运行时遇到了一些波折，主要是由于政策的不连贯和考虑不够充分。这导致了 2007 年整年欧盟的配额大幅下跌，企业因为囤积了很多配额，最终发现其价值几乎等于零，对很多企业造成了巨大的伤害。随后，欧盟对这一体系进行了改革，其中的关键是配额可以不断结转，不再出现有效期的问题。事实上，我们国家在试点企业中也曾遇到类似的问题。只有当国家对交易的商品进行统一背书，确保其合法性和连贯性时，市场参与者才会对产品的交易充满信心；否则，市场参与者可能不清楚手中的配额是否会过期，能否结转，以及结算比例是多少，这样一来，整个市场就缺乏进行交易的积极动力，会对市场产生不良影响。

过去，欧盟碳市场管理职责分散在 28 个成员国手中，各国各自管理自己的市场，缺乏整体目标和配额的统一。有的国家分得多，有的国家分得少，造成相当程度的混乱。然而，自 2013 年后的第三阶段，欧盟决定将整个管理权限收回到欧盟委员会，实施集中统一管理，并设立了专门的协调管理机构。这一体系和规定的完善使得参与的企业和机构能够更加准确地预测未来碳市场的供需状况，有助于提前规划和布局。

近年来欧盟碳价格呈现出极为显著的上涨趋势（如图 1-5 所示），其中一个重要原因在于进入第四阶段后，欧盟设定了极为严格的减排目标。特别是 2030 年的预期减排目标，相较于 2019 年的 45% 有了显著提升，并于 2022 年进一步上调至 55%，而在同年 12 月更是将目标进一步提高至 62%。由此可见，未来的碳配额将变得越来越稀缺，而且将会迅速减少，从而导致碳配额价格的剧增。

因此，我们可以预见中国的碳市场在未来将呈现出与欧盟碳市场相似的特征。我国整体碳市场的构建一直以来都在借鉴欧盟碳市场的设计机制和理念。随着试运行、过渡和稳定阶段的推进，以及 2030 年碳达峰和 2060 年碳中和目标的明确，中国将迅速迈向全面取消免费配额的阶段，并且这一阶段碳配额将迅速减少。因此，未来中国碳市场的碳配额价格也将显著上升。目前每吨的价格大致在 50~60 元，未来预计将达到 100~200 元，这无疑传递出了一个极为积极的信号。

欧盟碳市场，作为全球最早启动且规模宏大的碳市场，为我国碳市场发展提供了丰富的、值得借鉴的经验。首先，重要的一点是政府或主管部门对碳市场的定位、服务对象的确定，以及要达到什么样的目标。实际上，碳市场应被视为一个为减排服务的工具。其次，碳市场需要一个完整的政策体系。作为政策市场，最初并非所有问题都能迅速得到最佳解决，这也是不现实的。我们需要在实践中不断摸索，欧盟将其称为"边干边学"。在碳市场建设中遇到困难是正常的，同时，也需要根据实际情况进行不断改革，踏实前进。最后，碳市场的正常运行需要一个强大的信息技术（IT）监管体系；否则，无法及时发现和调整数据问题，碳市场将会受到很大的影响。欧盟曾经出现过数据库问题，导致大量配额丧失，对当时的欧盟碳市场造成了巨大冲击。

同时，欧盟碳市场也提供了一些值得我们借鉴的教训。首先，是关于登记注册系统的安全等级。曾经，欧盟碳市场的登记处理系统遭到黑客入侵，导致数百万吨的配额损失。此外，市场上的配额也受到影响，从而极大地冲击了整个市场。政府如果没有相应的应对措施和备份数据库，就可能会遇到巨大的问题。其次，经济对市场的影响也是相当大的。欧盟经历的金融危机导致市场在很长一段时间内陷入低迷，后来政府采取了一系列措施，收紧了配额，才逐渐使市场摆脱低谷。最后，一个重要的方面是减排路线图或配额分配的路线图应尽早公布，以便参与机构有充分的时间作出反应和进行消化。我国的碳市场目前正面临一个问题，即大家对未来的政策变化趋势缺乏清晰的认知，没有足够的时间来做出反应和调整。最终结果是，大家都将手中的配额保留而不参与碳市场。相反，欧盟在每个阶段都会提前公布减排路线图，使得许多企业能够进行长期预测，从而更好地提前规划和布局。

1.3.6　国际碳市场运行情况——加州—魁北克市场

美国存在两个较大的碳市场：一个是加州市场，位于美国的西部；另一个则是分布在美国东部的 12 个州中，专注于小型发电行业的碳市场。总体而言，它们在应对气候变化方面拥有较大的自主选择权，相对于中央执政党而言，这使得它们能够避免许多由于党政之争而导致的政治立场矛盾。

加州于 2012 年开始建设碳市场。2014 年 1 月，加州与位于西部的加拿大魁北克碳市场展开合作。整体而言，与欧洲碳市场的模式略有不同。加州碳市场将几乎所有涉及排放的领域纳入范围（覆盖了加州和魁北克 85% 的排放），而欧洲则大约覆盖了 45%，两者在体量上存在较大差距。此外，欧洲的碳市场主要集中在工业领域，制造业、交通等并未被纳入碳市场的规划中；而加州由于其工业规模较小，因此在碳市场试点区域内更广泛地包含了制造业、交通和建筑等领域。

此外，加州的碳排放配额拍卖也极具特色，其设置了一个拍卖底价。如图

1-6 所示，2012 年，拍卖底价为每吨 10 美元，随后以每年 5% ~ 8% 的速度递增。截至 2020 年，拍卖底价已经上涨至 17 美元/吨。履约周期为三年，而每年则进行一次配额拍卖，整体而言，三年为一个履约周期。

图 1-6 加州—魁北克碳市场价格走势

资料来源：中创碳投。

加州除了碳市场之外，还设有一个专为汽车制造企业设计的积分交易体系，特斯拉便是其中的典型例子。特斯拉选择参与零排放汽车积分的交易，在这个体系中，特斯拉因其生产新能源汽车而具有天然优势，该公司利用这一优势推动淘汰传统燃油车。政府会根据企业生产的新能源汽车数量发放相应数量的"ZEV 积分"。一辆纯电动车通常可以获得 5 到 6 个积分。如果车企未能达到所需的积分标准，则需要从市场上购买其他企业富余的积分。未能达到要求的企业将面临罚款，每个未达标积分的罚款金额约为 5000 美元。因此，特斯拉通过出售多余的积分获得了可观的收入。

我国也采取了类似的汽车减排鼓励体系，例如工业和信息化部推行的双积分政策，旨在鼓励传统车企增加新能源汽车的生产。若企业的积分核算结果为负，将被列入政府的黑名单并受到相应处罚。

1.3.7 国际碳市场运行情况——美国 RGGI 市场

美国区域温室气体减排倡议（以下简称 RGGI），是美国东部 12 个州共同建立的一个早期联盟，成立于 2008 年。该倡议仅覆盖电力行业，因为当地的工业区相对较少，而发电行业主要以天然气和石油为主要能源，导致其碳排放量相对较低。因此，这 12 个州的发电行业总体的碳排放水平仅为 4000 万吨。

因此，RGGI 的配额分配方式相对简单，采用全面拍卖制度。初始的配额分配全部通过拍卖完成，每季度进行一次。整个碳交易市场主要以一级市场为主，而二级市场的交易相对较少。因此，总体来说，RGGI 的碳排放配额价格并不过高，如图 1-7 所示。

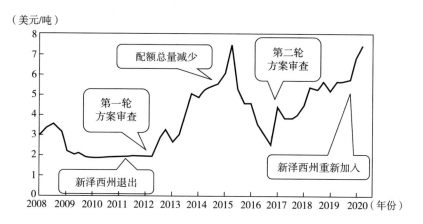

图 1-7　美国 RGGI 碳市场价格走势

资料来源：中创碳投。

1.3.8　国际碳市场运行情况——新西兰市场

新西兰的工业并不发达，但畜牧业却相对兴盛。尤其在工业领域，从减排的角度来看，其实际意义相对较小。然而，与其他碳市场相比，其设计初衷有所不同。新西兰碳市场于 2008 年首次建立，成为继欧盟之后第二个实施强制性碳市场的发达国家，属于国家级的碳市场。初始时，该市场将所有行业纳入范围，覆盖了农林业在内的各行业，涉及六种主要温室气体，但总量仅为 4000 万吨。

该市场的设计初衷在于促进新西兰的林业恢复。该国林业资源丰富，然而在 20 世纪 90 年代，由于未进行控制，当地的树木遭受了严重的砍伐。因此，将林业纳入碳市场的范围内，企业只需在其负责的土地上保持树木，就能够出售相应的碳配额；反之，未保持树木的企业则需支付购买碳配额的费用。通过这种方式，实际上是在恢复整个国家的森林储备或森林资源。这种做法为恢复林业提供了一种有效的途径。新西兰碳市场价格走势如图 1-8 所示。

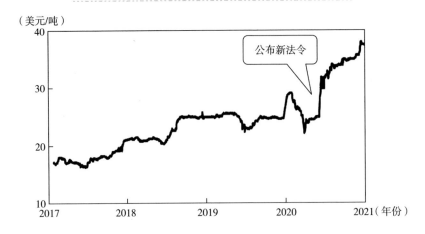

图 1-8　新西兰碳市场价格走势

资料来源：中创碳投。

1.3.9　国际碳市场运行情况——韩国碳市场

韩国碳市场本身面临能源结构的显著劣势，大部分电力供应需要依赖进口的煤炭和天然气。因此，早在 2015 年，韩国就成为亚洲地区首个设立国家级碳市场的国家，旨在通过借鉴欧盟碳市场的市场化方式来控制国内的温室气体排放。

该市场经历了三个发展阶段：第一阶段涵盖 2015～2017 年，实行免费分配。第二阶段为 2018～2020 年，其中 97% 的配额免费分配。第三阶段为 2021～2025 年，免费分配的配额比例进一步降至不足 90%。

该市场的独特之处在于，其主管部门在 2016 年经历了一次调整，企业排放的管理权从原本的环境部转变为企划财政部。通过由财政部门主导的方式来管理碳市场，从某种程度上提高了管理效率，将碳市场视作一种经济运作手段。我国或许也可以在一定程度上借鉴这一做法，鼓励更多的财政金融部门参与，以推动实现碳市场的减排效果。韩国碳市场价格走势如图 1-9 所示。

韩国曾是全球碳标签制度较为发达的国家之一。早在 2010 年，韩国便在国家层面建立了产品碳标签制度，广泛应用于各种食品和日化产品中。在便利店可以随处看到带有小叶子标志的碳标签，显示产品的碳足迹。

这个碳标签制度由韩国环境部下属的环境产业技术院负责管理。它们建立了一套完整的制度体系，包括碳足迹核算制度、碳标签申请及认证制度，以及国家层面的碳排放数据库。这些数据库中的数据是公开可查的。

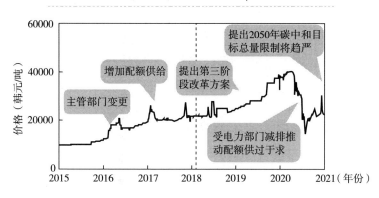

图 1-9　韩国碳市场价格走势

资料来源：中创碳投。

1.3.10　国际碳市场运行情况——中国区域试点

截至 2021 年年底，我国 8 个区域碳市场（包括北京、天津、湖北、重庆、上海、广东、深圳、福建）的现货成交量已达 7.21 亿吨，累计成交额达 214 亿元。而全国碳市场在 2021 年上半年就已经完成了近 70 亿元的交易额，因此从整体上看，全国碳市场的规模远超过试点区域。图 1-10 展示了我国碳市场的价格水平（截至 2021 年）。

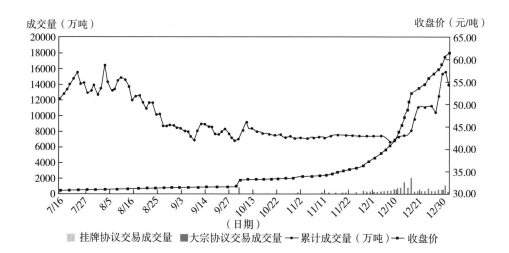

图 1-10　全国碳市场成交量及成交价格情况（2021 年 7 月 16 日至 12 月 31 日）

资料来源：生态环境部。

1.4 全球碳市场的趋势与展望

1.4.1 全球碳市场未来发展趋势

当前，欧洲正计划引入碳边境税，这可能会对一部分出口企业产生影响。碳边境税的税收尺度与整个欧洲市场的碳价存在较大的相关性。

预计未来碳市场的交易量将进一步上涨，并且参与碳市场的地区将更加广泛。另外，随着《巴黎协定》第六条中新市场机制的逐步实施，碳市场的规模将进一步扩大。中国碳市场下一步的扩容也是值得期待的。

1.4.2 全球碳市场价格走势

全球碳市场的价格情况如图 1-11 所示。欧盟作为一个重要的标杆，无论是覆盖范围、运行历史、成交额还是交易量，都占据全球主导地位。因此，欧盟的碳价对其他地区具有引导作用。从实际情况来看，其他地区的碳价普遍低于欧盟，因此未来各地区的碳价可能会趋近欧盟的水平。对于我国碳市场而言，虽然面临来自欧盟碳价的较大压力（我国碳价约为欧盟碳价的 1/10，我国约为 60 元/吨，欧盟将近 600 元/吨，近乎十倍的差距），但总体来说，我国碳市场价格有望上升。

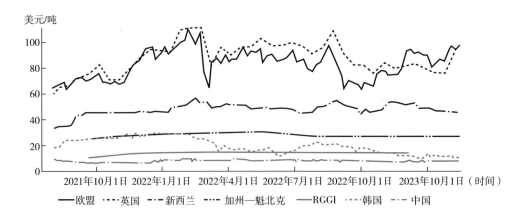

图 1-11 2022 年全球主要碳市场碳价行情

资料来源：ICAP。

近两年来，碳市场交易价格呈现显著增长，尤其是欧盟和英国碳市场。英国在脱欧后建立了自己的碳市场，两者的交易价格一直保持上升趋势。最高时，英国碳价接近 100 英镑/吨，欧盟碳价接近 100 欧元/吨。随着 2021 年中国全国碳市场的启动、2021 年美国重返《巴黎协定》以及 2023 年 10 月欧盟新的碳边境调节税正式启动，预计未来碳价将继续上升。当前碳价已突破 100 欧元/吨，未来突破 200 欧元/吨也大有可能。

1.4.3 国际新兴的自愿减排市场机制

在《巴黎协定》签署之后，企业自愿采取行动的市场机制迅速发展。尽管跨国交易受到一些限制，但自愿市场、企业的自发行为以及行业组织在推动自愿减排市场方面表现突出，形成了另一种迅猛发展的趋势。整个市场的交易量和规模不断攀升。未来，中国的许多企业也有望参与自愿减排交易。我国已经涌现出众多可再生能源和农林业碳汇项目，这些项目已经步入了自愿减排交易市场。

1.4.4 《巴黎协定》下全球碳市场的发展方向

《巴黎协定》下全球碳市场的机制和状态备受关注，对企业影响最为显著的是：它构建了国家间碳市场之间的联结，尤其是中国与欧盟碳市场之间的联结。若这两个地区的碳市场能够形成有效的联结，它不仅仅是简单的碳交易，对整个相关产业纳入碳市场将带来深远影响。两个地区的产业经济将在国际贸易的基础上进一步强化，甚至可能催生一些新的竞争关系。

此外，若碳市场能够实现对接，其影响可能比贸易一体化更为深远。这涉及碳配额的分配，一旦碳市场完全建立，关税的需求可能会减弱。随着《京都议定书》履约期限的结束，未来将迎来《巴黎协定》，在这一新的框架下，像联合履约（JI）和排放贸易（ET）等机制可能会逐渐淡出。

实际上，在《巴黎协定》及其后续谈判中，清洁发展机制（CDM）受到了极高的认可，因此该机制极有可能在未来全球碳市场中继续存在。目前，国际航空组织已提出了航空碳交易机制，并计划在 2027 年正式实施，中国的航空公司将被纳入其中。此外，还可能涌现出一些双边的碳交易。随着国家自主贡献的审查和审核增多，碳关税、区域之间的对接等事项可能在未来会得到更多发展。

1.4.5 全球碳市场未来的不确定性

国际谈判的减弱削弱了国际碳市场的基础，更多地表现为形式上的谈判，各国之间的博弈未来仍将持续。过去《京都议定书》下的机制已经过时，虽然《巴黎协定》第六条市场细则已经出台，但仍然无法替代过去的清洁发展机制。对于未来的改革和变化方向，我们需要进行深入思考。国际新市场机制仍在各方的博弈中，许多国家更倾向于采用双边机制，如日本和瑞士。

发达国家在减排方面的政治意愿波动，对国际碳市场的稳定性构成了挑战。尽管全球经济面临长期低迷和通胀风险，但各国政府和国际组织正在努力采取措施以应对这些经济挑战。近年来，一些事件，如日本和德国的"退核"政策以及俄乌军事冲突，导致全球减排目标的实现难度进一步加大。美国现任政府虽然发表了许多宣言，但在实际行动上仍显不足。此外，新冠疫情对全球经济造成了重大冲击，尽管各国正在逐步恢复，但2024年全球经济能否实现全面复苏，仍然存在诸多的不确定性。

未来，我国碳市场将持续发展，与此同时，新西兰、韩国等地的碳市场也在迅速崛起。各行业的减排努力，特别是航空和航运等关键行业的减排机制，正在取得显著进展。航空业通过提升燃料效率和使用可持续航空燃料等措施来减少排放，而航运业则通过优化航线、提高船舶能效和探索替代燃料等手段来降低碳足迹。这些跨行业的减排机制不仅促进了行业内的绿色转型，也推动了碳市场的跨国交易。同时，行业组织正在积极推动包括航空、航运在内的多个行业协会内部的自愿减排工作，这包括参与自愿市场和通过行业组织的自愿减排市场进行多方合作。这种合作有助于形成更为广泛的碳减排共识，并促进了碳交易的多样化和创新。随着这些发展的推进，未来市场的形态和交易体系将更加多样化和灵活。中国碳市场的规模和潜力巨大，在未来的国际碳市场中将发挥核心作用，进而对全球碳定价和减排政策产生深远影响。

2 中国碳市场建设进展及未来发展重点

前一章详细介绍了全球碳市场的发展历程以及碳交易的基本原理，而本章则专注于阐述中国碳市场的发展现状和未来展望。本章内容分为三个部分：首先，详细阐述中国碳市场建设的背景与意义，深入探讨我国建设碳市场的必要性和潜在好处，为后续章节提供坚实的理论基础。其次，系统介绍中国各区域试点碳市场的实践经验，特别关注不同省市在碳市场建设方面的独特实践和取得的成果。最后，聚焦于中国统一碳市场的建设与展望，深入探讨顶层设计、管理制度、履约情况以及未来发展趋势。本章将为读者提供一个全面了解我国碳市场建设现状与未来方向的基础，旨在为学术界和政策制定者提供有益的参考。

2.1 中国建设碳市场的背景与意义

2.1.1 新达峰目标与碳中和愿景首次宣示

多年来，中国在全球气候行动中扮演着极其重要的角色。作为一个迅速发展的大国，中国虽然面临着巨大的能源需求，这导致了相对较高的二氧化碳排放量，但中国政府一直积极参与国际气候谈判，致力于采取实际行动来减少碳排放。尽管历史累计排放量大，但中国的工业化进程实际上是在较短的时间内快速发展起来的，这一点与长期工业化国家如美国和欧洲国家形成鲜明对比。

在《巴黎协定》框架下，中国不仅达成了国内的碳排放峰值目标，而且正在积极推进碳中和的长远目标。中国政府已经展示了其作为负责任大国的形象，强调了中国在全球气候领域的领导力和大国担当。为此，中国持续加大对"绿色一带一路"倡议的投入，通过这一平台推动环境可持续发展，同时加强与发展中国家的"南南合作"，在全球范围内推广绿色发展和低碳技术。

此外，中国在应对国际压力和建立全球合作中展现出的积极姿态，也正逐渐赢得国际社会的认可和信任。通过这些努力，中国正在为全球环保和气候变化响应贡献己力。

2020年9月22日，习近平主席在第75届联合国大会一般性辩论上正式宣布了中国新的碳达峰目标和碳中和愿景。该目标为努力争取在2030年前实现碳排放峰值，同时力争在2060年前实现碳中和，标志着中国首次在国际舞台上郑重作出承诺。然而，要在短短30年内从碳达峰迈向碳中和，并实现这一目标，道路并不会轻松。

与其他发达国家（如日本、美国、欧洲国家等）相比，20世纪90年代初，它们已陆续达到碳排放峰值，并在此后逐步减少。例如，欧盟设定了2050年实现碳中和的目标，而日本则提出在2070年实现碳中和。这些国家和地区已经为自己预留了较为宽松的实现期限，从碳达峰走向碳中和超过了60年甚至70年的时间。相比之下，中国仅留给自己不到30年的时间来实现碳中和，远远低于欧盟的71年与美国的43年，这带来了巨大的压力和紧迫性。我国是否能够抓住新一轮科技和产业革命的历史机遇，通过弯道超车实现绿色复苏，将决定我们是否能够避免再次走上发达国家传统老路，即高排放的工业密集型发展道路。

到2021年9月，我国形成了新的气候变化目标，新的气候变化目标主要是根据习近平同志的一系列讲话、中央的决议和会议的决定得出的。这些新的目标是在我们国家于2015年提交给联合国的国家自主贡献（Nationally Determined Contribution，NDC）的基础上更新的。国家自主贡献（NDC）是根据《巴黎协定》各国自主确定的气候目标和行动，可以理解为各国为自己设立的减排目标。

2020年习近平主席的讲话为我国NDC的更新提供了重要指导。这些更新的目标包括：

（1）2016年，我们提出了碳排放2030年左右达到峰值并争取尽早达峰的目标。现在2021年，新的达峰目标是2030年前实现碳达峰。

（2）2016年，非化石能源占一次性能源消费比重达到20%左右。现在2021年，非化石能源占一次性能源消费比重达到25%左右。

（3）单位GDP碳排放（碳强度）下降也是一个重要指标。这个指标在我国的国民经济规划中始终具有约束性。我们的承诺是到2030年，单位国内生产总值二氧化碳排放与2005年相比要下降60%~65%。现在这一目标已提高至65%以上。

（4）对于风能、太阳能发电装机容量也有新的要求，风能、太阳能发电总装机容量将达到 12 亿千瓦以上。

（5）2060 年前实现碳中和，同时非化石能源（可再生能源和核能）比重超过 80%。

这些新的气候变化目标将指导我国未来的能源转型和经济转型。可以看到，我国未来减排的力度有了显著提升，习近平主席提出的 2030 年前碳达峰、2060 年前碳中和的目标也得到了社会的广泛认可。

当然，这个目标更加雄心勃勃，挑战也更为巨大。目前我国的人均 GDP 约为 1.2 万美元，预计到 2050 年实现全面现代化时，我国的人均 GDP 将超过 3 万美元，表明我国经济将保持较高速增长。图 2-1 呈现了我国未来各主要行业的发展情况和增长率。

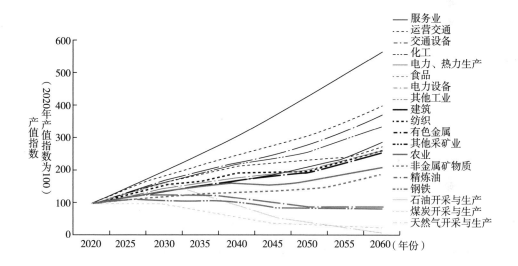

图 2-1　2060 年碳中和情景下分行业增长指数

资料来源：清华大学能源环境经济研究所。

不同行业的增长速度和增长率各不相同。例如，服务业增长较快，与电力相关的行业也是增长迅速的。此外，食品、化工等行业增速也较快。然而，与化石能源相关的行业（如煤炭、石油、天然气）增长缓慢，甚至在未来可能增长会有所下降。而高能耗、高碳排放的行业，如钢铁行业，增长速度相对较低。总的来说，经济必须转型。事实上，党的二十大报告中提出了实现双碳目标的任务，经济转型是其基础之一。

另一个重要方面是能源转型。能源也必须经历转型。图 2-2 展示了我国能源发展的未来基本情况。实现碳中和意味着我国的能源必须发生革命性的变革，即习近平主席所强调的能源革命，包括能源消费革命、能源供给革命、能源技术革命、能源体制革命。

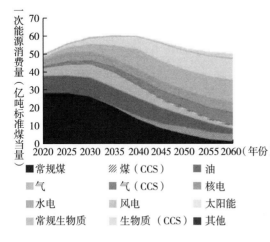

年份	2020	2035	2050	2060
核电	2%	5%	10%	15%
可再生	14%	29%	53%	65%
煤	57%	34%	17%	10%
油	19%	17%	12%	6%
天然气	8%	14%	7%	4%

（清华大学，2021）

图 2-2　能源系统转型

资料来源：清华大学能源环境经济研究所。

从图 2-2 中可以看出，我国能源目前主要以化石能源为主，特别是煤炭、石油和天然气。然而，要实现碳中和，到 2060 年，化石能源的比重需下降到 20% 以下。相反，非化石能源，包括核能和可再生能源，将会有显著提升。

目前，我国可再生能源（非化石能源）比重约为 16.6%，但到 2060 年将超过 80%。这一目标是国家明确提出的。然而，能源转型并非一蹴而就，而是一个渐进的过程。尤其在 2030 年之前，转型将是缓慢而逐步的。到 2035 年，转型可能会进入快速轨道。在此之前，我们需要做好技术、机制、体制和政策方面的准备。

就煤炭而言，我们需要控制其增长，预计在"十五五"时期，即 2025～2030 年，其需求将出现下降趋势。由于中国是全球最大的碳排放国之一，对煤炭的消耗受到国际社会的广泛关注。因此，在国际会议上，一些发达国家提出"淘汰"（face out）煤炭的建议，而中国则主张逐步减少（face down）煤炭的使用，这引发了一些争议。

然而，未来煤炭的利用将更加低碳化和清洁化。党的二十大报告已经提出了煤炭的清洁利用问题，主要包括采用碳捕集与封存技术（Carbon Capture and Storage，CCS）。这种技术可以在燃煤发电厂将二氧化碳捕集并封存在地下，或将其转化为工业原料，从而避免其排放到大气中。这被认为是实现煤炭低碳化利用的重要措施。

从 2030 年开始，我国一些燃煤电厂可能需要安装碳捕集与封存设施。目前，我国主要依赖火力发电，其中大部分燃料来自煤炭。然而，随着时间的推移，它的作用将逐渐转变为调节性和辅助性能源。从图 2-2 中可以看出，未来主要能源将以可再生能源和核能为主。然而，可再生能源存在一些间歇性，因此需要保证电网的安全运行。在这种情况下，仍然需要一些煤电机组，以确保电网供应的稳定性。

另外，对于石油而言，预计我国可能在 2030 年左右达到石油需求的峰值，然后将呈下降趋势。

谈及天然气，有人认为它是一种清洁能源。的确，与煤炭相比，天然气在二氧化硫、氮氧化物等排放以及对 PM2.5 的贡献方面较小。然而，天然气也是一种含碳能源。随着我们的碳中和目标的实现，天然气的使用也将经历一个先增长后减少的过程。预计我国天然气需求在未来三至五年内将达到峰值，随后呈下降趋势。此外，未来建设的天然气发电厂具有灵活性，能够调节电网负荷，但同时也需要加强一些碳捕集与封存设施，以确保天然气成为真正的低碳甚至超低碳能源，这将成为未来的趋势之一。

未来，尤其是到 2030 年以后，新增能源的供应将主要来自非化石能源，包括核能和可再生能源。在可再生能源中，风能和太阳能将发挥重要作用。此外，核能在我国的能源结构中也扮演着重要角色。预计到 2060 年，核电的比例可能会占到总发电量的 15% 以上，并且核电技术将进一步发展，会采用一些新的更加安全的技术，如第四代模块化、小型、高温气冷堆等固有安全性更高的核电技术。

综上所述，能源转型势在必行。

除了能源转型之外，还有一些行业如工业、建筑和交通等，特别是工业、交通和发电领域，将面临彻底的碳零排放挑战。实际上，让这些排放大户完全依赖可再生能源也可能非常困难，因为这涉及可再生能源的间歇性问题，因此仍然需要保留一部分煤电发电机组。然而，这就需要如前所述加装碳捕集与封存设施。

在钢铁、化工等行业中，二氧化碳排放主要发生在工业生产过程中，单纯依靠能源变革是不足以解决问题的。实际上，需要安装碳捕集与封存设施，将二氧化碳捕集下来，然后进行封存或利用。

总体而言，除了能源转型外，还需要采取一些末端治理措施，类似于我们目前针对 PM2.5 的治理。PM2.5 的治理既需要在源头上进行能源结构的调整，也需要在末端增加一些设施进行脱硫和脱氮处理。

在未来，实现脱碳将是一个重要目标。在这方面，人工 CCUS（碳捕获、利用与封存，Carbon Capture，Utilization and Storage）以及碳移除等技术的发展趋势将提供一些新的投资机会。具体而言，人工 CCUS（见图 2-3）和碳移除技术都将是未来发展的重点。

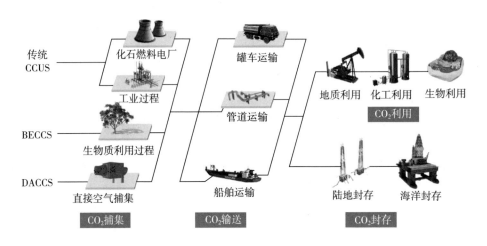

图 2-3　碳捕集、利用与封存（Carbon Capture Utilization & Storage）

资料来源：《中国二氧化碳捕集利用与封存年度报告 2024》。

碳移除技术实际上是一种负排放技术。负排放技术主要有两类：

一类是生物质能加装 CCS（BECCS）。未来，除了煤电和天然气电之外，我们还可以利用生物质进行发电，如利用农作物秸秆、林木以及林业修剪废枝等作为原料进行发电。这种发电厂本身是中性的，因为这些植物在生长过程中吸收二氧化碳，而当它被燃烧时，二氧化碳又释放出来，因此它们本身是中性的。但是，如果我们在末端捕集二氧化碳，将其封存起来，那么这种技术就变成了负排放技术，即生物能碳捕集与封存（BECCS）。

另一类是直接空气捕集技术（DACCS），即在空气中直接捕集二氧化碳，并将其封存起来。这是一种非常新的技术。然而，DACCS 面临两个主要挑战：一是大气中二氧化碳浓度较低，因此捕集成本较高；二是捕集过程需要大量能源。但是，在中国，DACCS 技术仍然具有优势，因为中国西部地区拥有广阔的沙漠和戈壁地带，可以在那里应用直接空气捕集技术。此外，西部地区还拥有丰富的太阳能和风能资源，可以利用当地的可再生能源来驱动这种技术，解决能源供应问题。因此，无论是人工 CCUS 还是碳移除技术，都将成为中国实现碳中和的重要技术支撑。

最近，科技部发布了支持碳达峰和碳中和实施方案，其中强调了 BECCS 和 DACCS 作为碳移除技术在中国的重要性。未来，国家还将通过科技研发项目，专门支持碳移除技术和 CCUS 技术的研发和示范工作。

综上所述，需要通过经济转型、能源结构调整以及一些末端治理措施的综合实施，才能有效降低二氧化碳排放，最终实现碳中和的目标。

2.1.2 "十四五"规划和党的二十大对建设碳市场的关注

在国内的许多重要会议中，碳市场建设被确定为重要议题和任务。例如，2020 年 12 月 16 日举行的中央经济工作会议明确了 2021 年的重点任务，其中包括确立 2030 年碳达峰和 2060 年碳中和目标，并加快建设碳排放权交易市场。这是第一次将加快建设碳排放权安全交易市场列为中央经济工作的八项任务之一，代表着一项具有历史性意义的决策。

2021 年 3 月 12 日，第十三届全国人民代表大会第四次会议审议通过了《中华人民共和国国民经济和社会发展第十四个五年规划和 2035 年远景目标纲要》。其中，专门设立了一章，即"第三十八章 持续改善环境质量"，提出"全面实行排污许可制，实现所有固定污染源排污许可证核发，推进排污权、用能权、用水权、碳排放权市场化交易"，旨在通过市场化机制推动环境质量的改善，其中包括推进碳排放权交易市场的建设。

可以清晰地看出，碳市场建设和实现双碳目标在近期得到了前所未有的重视。党的二十大报告中，习近平总书记明确提出要立足我国能源资源禀赋，坚持先立后破，有计划、分步骤地推动碳达峰行动。其中，强调了对能源消耗总量和强度的调控的完善，并特别指出了对化石能源消费的严格控制，逐步过渡到碳排放总量和强度的"双控"制度。在深入推进能源革命方面，提出了加强煤炭清洁高效利用、加大油气资源勘探开发和增储上产的力度，加速规划和建设新型能源体系，统筹考虑水电开发和生态保护，积极、安全、有序地推动核电的发展，同时加强能源产供储销体系的构建，以确保国家的能源安全。在碳排放方面，提到了完善碳排放统计核算制度，健全碳排放权市场交易制度，并加强生态系统的碳汇能力。同时，强调了积极参与全球治理，以应对气候变化的全球性挑战。

2.1.3 "1+N"双碳政策体系

《关于完整准确全面贯彻新发展理念做好碳达峰碳中和工作的意见》（以下简称《意见》）是党中央对碳达峰碳中和工作进行的系统谋划和总体部署，覆盖碳达峰、碳中和两个阶段，是着眼长远的顶层设计。该《意见》在碳达峰碳中和政策体系中发挥统领作用，是"1+N"（见表2-1）中的"1"。其中，对各个阶段的总体目标都分类明确了具体的数值。整体目标和愿景包括：

表2-1 "1+N"碳达峰碳中和政策体系

顶层设计1	日期	部门	文件
顶层设计	2021年10月24日	中共中央、国务院	《关于完整准确全面贯彻新发展理念做好碳达峰碳中和工作的意见》
	2021年10月26日	国务院	《2030年前碳达峰行动方案》
N系列	日期	部门	文件
能源绿色低碳转型行动	2022年3月22日	国家发展改革委、国家能源局	《"十四五"现代能源体系规划》
	2022年3月23日	国家发展改革委、国家能源局	《氢能产业发展中长期规划（2021—2035年）》
节能降碳增效行动	2022年1月24日	国务院	《"十四五"节能减排综合工作方案》
	2022年2月3日	国家发展改革委、工业和信息化部、生态环境部、国家能源局	《高耗能行业重点领域节能降碳改造升级实施指南（2022年版）》
工业领域碳达峰行动	2022年1月20日	工业和信息化部、国家发展改革委、生态环境部	《关于促进钢铁工业高质量发展的指导意见》
	2022年2月11日	国家发展改革委	《水泥行业节能降碳改造升级实施指南》
	2022年3月28日	工业和信息化部、国家发展改革委、科技部、生态环境部、应急部、能源局	《关于"十四五"推动石化化工行业高质量发展的指导意见》
	2022年4月12日	工业和信息化部、国家发展改革委	《关于化纤工业高质量发展的指导意见》
	2022年4月12日	工业和信息化部、国家发展改革委	《关于产业用纺织品行业高质量发展的指导意见》

续表

N 系列	日期	部门	文件
城乡建设碳达峰行动	2021 年11 月 17 日	农业农村部	《关于拓展农业多种功能促进乡村产业高质量发展的指导意见》
	2022 年1 月 6 日	住房和城乡建设部	《"十四五"推动长江经济带发展城乡建设行动方案》
	2022 年1 月 6 日	住房和城乡建设部	《"十四五"黄河流域生态保护和高质量发展城乡建设行动方案》
	2022 年3 月 1 日	住房和城乡建设部	《"十四五"住房和城乡建设科技发展规划》
交通运输绿色低碳行动	2022 年3 月 1 日	交通运输部、国家铁路局、中国民用航空局、国家邮政局	《新时代推动中部地区交通运输高质量发展的实施意见》
循环经济助力降碳行动	2021 年7 月 1 日	国家发展改革委	《"十四五"循环经济发展规划》
绿色低碳科技创新行动	未发布		
碳汇能力巩固提升行动	2021 年12 月 31 日	国家林业和草原局	《林业碳汇项目审定和核证指南》
	2022 年2 月 21 日	自然资源部	《海洋碳汇经济价值核算》
绿色低碳全民行动	2022 年5 月 7 日	教育部	《加强碳达峰碳中和高等教育人才培养体系建设工作方案》
各地区梯次有序碳达峰行动	各省具体实施政策，以战略性指导文件、保障支撑文件、地方法规等形式出台		
保障政策	2021 年12 月 14 日	国家开发银行	《实施绿色低碳金融战略支持碳达峰碳中和行动方案》
	2022 年3 月 15 日	生态环境部办公厅	《企业温室气体排放核算方法与报告指南发电设施（2022 年修订版）》
	2022 年4 月 30 日	国家发展改革委	《关于明确煤炭领域经营者哄抬价格行为的公告》

（1）2025 年，绿色低碳循环发展的经济体系初步形成，能耗强度达到13.5%（较 2020 年），碳排放强度达到 18%（较 2020 年），非化石能源比重达到20%，森林覆盖率达到 24.1%，森林蓄积量达到 180 亿立方米。

（2）2030年，经济社会发展全面绿色转型取得显著成效，能耗强度大幅下降，碳排放强度达到65%（较2005年），非化石能源比重达到25%，风光总装机容量达到12亿千瓦，森林覆盖率达到25%，森林蓄积量达到190亿立方米。

（3）2060年，绿色低碳循环发展的经济体系全面建立，清洁低碳、安全高效的能源体系全面建立，能源利用效率达到国际先进水平，非化石能源比重达到80%，碳中和目标顺利实现。

除此之外，国务院还提出了有针对性的碳达峰行动方案，《2030年前碳达峰行动方案》作为碳达峰阶段的总体部署，在目标、原则、方向等方面与前述《意见》保持有机衔接，同时更加聚焦于2030年前碳达峰目标，相关指标和任务更为细化、实质化、具体化。《方案》中明确提出的碳中和十大行动涵盖了：能源绿色低碳转型行动、节能减碳增效行动、工业深度减碳行动、城乡建设绿色高质量发展行动、交通运输绿色低碳发展行动、绿色低碳科技创新行动、绿色要素市场交易体系建设行动、碳汇能力提升行动、绿色低碳全民行动、碳达峰碳中和先行先试行动。

政策保障方面，计划建立统一规范的碳排放统计核算体系；健全法律法规标准，构建有利于绿色低碳发展的法律体系；完善经济政策，构建有利于绿色低碳发展的税收政策体系；完善绿色电价政策，建立健全绿色金融标准体系；设立碳减排支持工具，研究设立国家低碳转型基金。同时，计划建立健全市场化机制，发挥全国碳排放权交易市场的作用，进一步完善配套制度，并逐步扩大交易行业范围。

2.1.4 "双碳"目标下的市场发展机遇

作为双碳计划的支柱之一，碳市场的发展策略明确了要发挥全国碳排放交易市场的体制作用，并进一步扩大了交易的行业范围，这为碳市场建设提供了前所未有的历史机遇和政治高度。

首先，双碳目标成为市场化手段和工具的原因在于，我国未来40年将全面进行低碳转型和产业升级，这将需要大量资金的注入。根据清华大学专家的研究，为实现低碳经济转型升级，我国每年至少需要4万亿~6万亿元的资金投入。因此，碳市场及其他生态权益金融市场将成为主要资金注入渠道。

其次，必须充分发挥碳市场在资源配置上的基础性作用。我国金融监管部门一再强调，未来将推动碳市场的金融化改革，建立金融市场，引入更多资金投入低碳减排产业。这将有助于优化资源配置、提高资源利用效率。

最后，碳市场对能源行业低碳化的支持主要体现在形成市场化的碳定价机制上，发出清晰的碳价信号并传递给上下游，形成倒逼机制，加速行业低碳转型的步伐。国家主管部门通过碳市场配额分配，实施对高排放企业的管控，迫使其进行低碳技术转型升级。

2.2　中国各区域试点碳市场实践

2.2.1　中国碳市场基本设计原则

我国大约在 2011 年就开始考虑建立碳市场。当时，受到国际大环境的影响，《京都协议书》第二承诺期在 2012 年之后未得到推进，许多国家选择退出。在这一背景下，我国主管部门开始思考，如果国际社会推动减排的能力有限，考虑到我国经济体量巨大，自主推动内循环已足以实现自身减排目标。例如，时任发改委政府部门负责人提出，中俄可以建立自己的碳市场，率先进行转型，而不受国际情势的影响。

中国碳市场的基本原理如图 2-4 所示。在设计阶段，中国碳市场的建设原理参照了国际上通行的相关做法，即通过配额分配和管控来设定不同企业的配额额度。中国碳市场体系内也同样允许进行配额的买卖，其交易机制和原理与其他国家类似。这一设计旨在确保碳排放的有效管理和市场的正常运作。

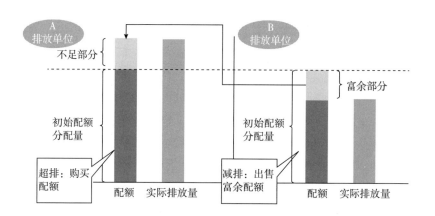

图 2-4　中国碳市场基本设计原则

资料来源：生态环境部应对气候变化司。

2.2.2　中国碳市场基本类型（配额+减排）

我国碳市场运行过程中涉及两个主要市场类型，如图 2-5 所示。首先是配额交易市场，即为排放量富裕和不足的企业提供配额交易的市场，该市场包括试点市场和全国碳市场。其次是自行建立的减排量交易市场。在《京都议定书》实施期间，我国参与了国际的 CDM 自愿减排交易机制（如将中国的减排指标出售给欧盟或其他国家）。随着《京都议定书》的暂停，中国启动了国内的自愿减排交易市场（CCER），使企业能够自愿进行减排交易。同时，这一市场也允许一部分企业参与试点市场和全国碳市场。

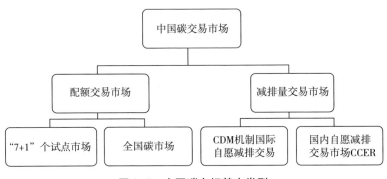

图 2-5　中国碳市场基本类型

2.2.3　中国碳市场十年建设历程

目前，中国的碳市场主要以配额交易为主。2011 年国家发改委发布《关于开展碳排放交易试点工作的通知》，自 2013 年起，北京、上海、广东、深圳、湖北、重庆、福建、四川等地陆续开展了试点区域碳市场的交易实践（时间轴如图 2-6 所示）。

2021 年，沈阳市启动了市一级的碳交易试点。尽管各地在看到碳市场的优势以及排放管控的好处之后，纷纷建立起了碳交易所，但实际上，前期国家备案的四个省（广东、湖北、福建、四川）、四个市（北京、上海、深圳、重庆），这八个试点区域仍然是实际交易并且运行较为顺利的主要区域。值得注意的是，四川只是成立了交易所，而在区域内并未实行配额管控和交易；沈阳市在启动交易试点后也尚未真正运行。由此可见，这八个碳交易试点区域为全国碳市场积累了丰富的经验。

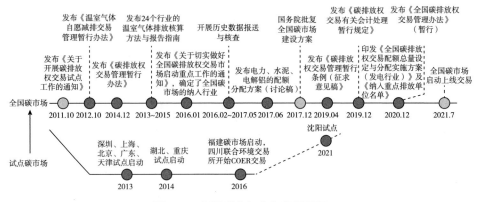

图 2-6　中国碳市场十年发展历程

2.2.4　碳交易试点——立法先行

在法律保护的国家层面，国务院有关条例经历了几次大的修订，为碳市场建设提供了上位法的指导，确保了立法先行的准则。经过近10年的建设历程，国家层面和地方层面实现了协同发展，共同推动了碳交易市场的发展。从地方层面来看，各地结合其实际情况进行了不同的尝试。一些地方取得了较好的成绩，例如深圳和北京，不仅出台了政府令，还通过人大制定了碳排放管理的相关立法决定，为管控提供了更多手段。其他地方，除天津和重庆外，至少都发布了政府令。然而，天津和重庆目前仅有政府文件支持，因此在立法成绩方面相对欠缺，导致不同地方的监管和处罚存在较大的差异。总体而言，试点碳市场的基本框架相似，但在细节上实现了因地制宜。

2.2.5　碳交易试点——覆盖范围与配额分配

在覆盖范围方面，各地根据地方发展特点纳入了不同行业的企业，并对进入碳交易市场的配额门槛进行了差异化设定（如表2-2所示）。例如，北京的门槛为5000吨，几乎包含了各行各业的企业，总数约为1000家；而一些传统工业大省（如广东、湖北等）设定的门槛相对较高，约为20000吨。

表 2-2　我国各区域碳交易市场的纳入行业、门槛、分配标准和方法

省市	纳入行业	纳入标准	配额总量	分配方法
深圳	能源生产、电子电器、医药、机场等30多个行业，近700家企业	企业年排放3000吨CO_2以上	0.33亿吨	目标总量控制

省市	纳入行业	纳入标准	配额总量	分配方法
上海	钢铁、石化、化工、有色、建材、纺织、造纸、橡胶和化纤、船舶制造、汽车制造；航空、水运、机场、港口、商场、宾馆、商务建筑和铁路站点等300多家企业	工业：2万吨CO_2以上；非工业：1万吨CO_2以上；水运业：10万吨CO_2以上	1.58亿吨	历史强度、历史排放和基准线法
北京	热力、水泥、石化、其他工业、服务业、交通等943家企业	5000吨CO_2	0.46亿吨	历史法和基准线法
广东	6大行业：水泥、钢铁、石化、民航和造纸等近300家企业	2万吨CO_2	4.65亿吨	历史强度和历史排放法
天津	5大重点行业：热力、钢铁、化工、石化、油气开采等109家企业	2万吨CO_2以上	1.6亿吨	历史法、标杆法和历史强度
湖北	16个工业行业：热力、有色金属、钢铁、化工、水泥、石化、汽车制造、玻璃、化纤、造纸、医药、食品饮料等373家企业	能耗1万吨标准煤以上	2.70亿吨	历史法和基准线法
重庆	电解铝、铁合金、电石、烧碱、水泥、钢铁等233家企业	2万吨CO_2以上	1.06亿吨	总量控制和历史排放法
福建	电网、钢铁、化工、石化、有色、民航、建材等284家企业	能耗1万吨标准煤以上	1.26亿吨	基准线和历史强度法

北京和深圳在未来的发展中更趋向于成为全国性的碳市场，将涵盖建筑业和服务业等各行业，与欧盟碳市场未来的发展方向相一致。这种做法旨在通过统一管控更加精准地控制各行业在地区内的碳排放状况，以及实现减排控制目标。

2.2.6 碳交易试点——MRV、履约节点

履约节点与企业发展密切相关。通常，政府在年初发布通知，要求企业提交上一年度的排放报告。随后，政府委托第三方核查机构对企业进行核查，以确认排放配额数据是否符合国家测算和制定的要求。政府会根据企业提交的报告和最终排放的核查报告核定企业应获得的配额，并最终进行配额发放。

从六月到年底，政府要求企业履约。企业需要自行检查其配额与上一年排放是否存在差额（多退少补）。若有缺口，企业需在交易市场购买配额；反之，若有富余，可在交易市场卖出。在履约检查时，按照配额与排放量1∶1的比例完成履约工作。由于多种原因，包括疫情等不可预测因素，每年的履约时间节点实际上会有所调整，例如，受到2020年和2021年新冠疫情影响，上海、广东等地实际上推迟了履约时间节点。

立法的成果将直接影响政府的监管力度。例如，北京和深圳通过人大立法，对于未完成履约要求的企业可直接进行 3~5 倍的罚款，处罚力度相对较重。然而，天津和重庆目前仅有政府文件支持，没有通过人大立法，因此行政处罚的权利有限，只能通过其他辅助手段来约束企业，监管力度相对较弱。

未来，希望能够建立相对统一的全国碳市场标准，至少应有类似于政府令的国务院文件，并进行层层监管以确保能够及时进行处罚。目前，生态环境部的部门规章是最高的管理办法，但其处罚力度相对较弱，可能会直接影响碳市场的运行效果。

各碳交易试点区域对未履约企业的处罚机制如表 2-3 所示。

表 2-3　未履约的处罚机制

省市	直接处罚	其他约束机制
深圳	强制扣除，不足部分从下一年度扣除，并以履约当月之前连续六个月配额平均价格的 3 倍进行处罚	纳入信用记录并曝光，通知金融系统征信信息管理机构；取消财政资助；通报国资监管机构，纳入国有企业绩效考核评价体系
上海	责令履行配额清缴义务，并可处以 5 万元以上 10 万元以下罚款	记入信用信息记录，并向社会公布；取消两年节能减排专项资金支持资格，以及 3 年内参与市节能减排先进集体和个人评比的资格；不予受理下一年度新建固定资产投资项目节能评估报告表或者节能评估报告书
北京	按照市场均价的 3~5 倍予以处罚	暂无
广东	在下一年度配额中扣除未足额清缴部分 2 倍配额，并处 5 万元罚款	记入该企业（单位）的信用信息记录
天津	暂未公布	3 年内不得享受纳入企业的融资支持和财政支持优惠政策
湖北	按照当年度碳排放配额市场均价予以 1 倍以上 3 倍以下但最高不超过 15 万元的罚款，并在下一年度分配的配额中予以双倍扣除	建立碳排放权履约黑名单制度，将未履约企业纳入相关信用信息记录；纳入国有企业绩效考核评价体系，通报国资监管机构；不得受理未履约企业的国家和省节能减排的项目申报，不得通过该企业新建项目的节能审查
重庆	未明确	3 年内不得享受节能环保及应对气候变化等方面的财政补助资金；将违规行为纳入国有企业领导班子绩效考核评价体系；3 年内不得参与各级政府及有关部门组织的节能环保及应对气候变化等方面的评先评优活动
福建	配额中扣除未足额清缴部分 2 倍配额，并处以清缴截止日前一年配额市场均价 1~3 倍的罚款，但罚款金额不超过 3 万元	通过各官方媒体、"信用福建"网站或省经济信息中心网站等平台向社会公布其失信行为，并同步报送省公共信用信息平台；在安排预算内投资、财政专项资金时，减少扶持力度或取消申请资格

2.2.7 碳交易试点累计成交量

自我国推行碳交易市场以来，截至 2021 年底，我国 8 个试点区域碳市场现货累计成交 7.21 亿吨，总成交额达 214 亿元。与欧盟碳交易市场相比（涵盖 28 个成员国，年成交额达 6800 亿欧元，约合 5 万亿元人民币），我国碳交易市场的规模仍显得相对较小，目前仍处于起步阶段。主要原因之一是我国所有碳市场，无论是区域还是全国碳市场，均为现货交易，没有期货，也没有二级市场。这导致许多企业只在配额不足时才会到碳交易市场进行交易，使得市场流动性相对较低。相较之下，国外的碳交易市场存在长期的期权交易，企业能够提前在二级市场完成交易。二级市场对于配额交易是很重要的，否则仅依赖一级的现货市场交易难以实现强有力的流动性。

2022~2023 年中国试点碳市场碳配额成交情况如图 2-7 所示。

市场	2022碳配额成交均价	2023碳配额成交均价	涨跌幅
北京（BEA）	95.71	113.71	15.83%
上海（SHEA）	56.22	62.80	10.49%
广东（GDEA）	75.93	75.61	−0.43%
天津（TJEA）	34.55	32.83	−5.22%
湖北（HBEA）	47.25	46.76	−1.06%
深圳（SZEA）	26.31	60.34	56.39%
福建（FJEA）	25.94	31.44	17.49%
重庆（CQEA）	30.19	33.49	9.86%

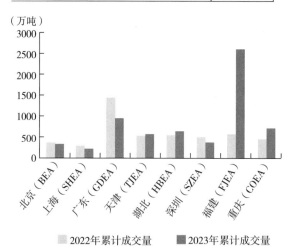

图 2-7 2022~2023 年中国试点碳市场碳配额成交均价及成交量

资料来源：中金公司研究部。

地方试点碳市场的整体成交量在 2023 年也较前一年出现显著反弹，达到 7012 万吨。然而，各试点市场的成交量和成交价呈现显著分化走势（见图 2-8），福建、湖北和重庆的成交量增幅最大，但成交价有所下降；广东、深圳和上海的成交量跌幅最大，但成交价均有不同程度的上涨。2023 年，多个地方试点碳市场也在交易制度创新、市场扩容、碳交易生态体系建设方面进行了积极探索。

2.2.8　碳交易试点价格总体趋势

如图 2-8 所示，各个碳交易试点区域的交易集中度非常高，主要集中在每年的 6 月左右。这是因为大多数试点区域将交易节点设定在 6 月底 7 月初，也是企业履约的截止时间。需要强调的是，在五六月时，所有需要购买配额的企业才会进入市场进行交易。因此，交易集中度极高，呈现出鲜明的现货和政策市场特征。

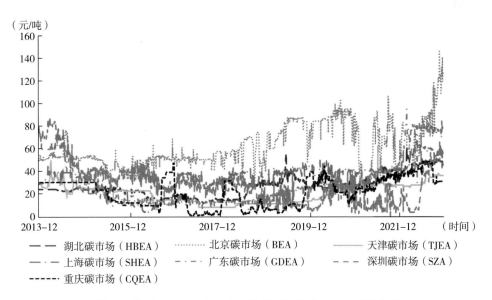

图 2-8　2013~2022 年各试点碳市场的日均成交价格变化趋势

资料来源：2023 年能源经济预测与展望研究报告。

2.2.9　试点碳市场历年配额交易特征

近几年影响碳交易市场活跃度的因素主要有两个方面：首先，企业参与的次数增多，使得企业交易经验更加丰富。部分企业已经学会采取错峰交易的策略，因此能够更灵活地进行讨价还价，避免集中在一起导致高价购入。其次，新冠疫情导致企业履约时间延后，也对市场活跃度产生了一定的影响。

大多数企业以生产经营为主，难以进行风险对冲。它们通常只能在第三方机构核查完、政府发放配额后，了解到自身的配额是否存在短缺，并在这时进行交易。由于政府每年年初发布通知，要求企业开始提交排放报告，因此一般来说，企业在年底和年初时的交易活跃度会显著增加。未来企业要进入碳市场进行交易，应该着眼于把握交易活跃度潮汐的窗口期，尤其是在履约淡季。这样做可以使交易金额和履约期价格之间的差距更为显著。

以北京市为例，履约淡季的价格基本上维持在 50~60 元/吨。然而，2022 年履约期时，价格已经超过了 140 元/吨。其他试点区域也有相似的情况，湖北淡季的价格在 20~30 元/吨，而在履约期时最高能够超过 60 元/吨。

2.2.10 碳交易试点区域对全国碳市场的重要经验

从我国碳交易市场的发展历程可得出以下三点经验：首先，证明了利用市场机制控制碳排放量是可行的。以北京为例，在 2012 年达到碳峰值后，于 2013 年启动了碳市场，覆盖全行业，并成功实施全区域碳排放总量和企业排放的精准管控，制定了年度下降目标。这一实践表明，市场机制是有效应对碳排放问题的可行途径。深圳同样在启动碳交易市场后，电力行业等高排放行业的单位碳强度下降了超过 24%，取得显著成效。

其次，立法是建立碳市场的必要前提和基本保障。北京和深圳通过人大立法，使其监管和处罚力度最为强大和有效。这表明，法律体系的建立对于碳市场的规范和运行至关重要。相对而言，没有颁布政府法令的城市在监管和处罚方面会面临较大的困难。

最后，不同的配额分配方法和时间周期节点对市场供给和价格有着重大影响。在碳市场的实践中，合理的配额分配和明晰的时间节点可以更好地引导市场行为，影响市场的供给和价格走势。这对未来碳市场设计提供了有益的启示。

同时，碳市场的发展也暴露出一些问题。首先，现货交易存在天生短板，导致流动性不佳，使得碳市场多年来的交易量一直在 100 亿~200 亿元。其次，市场产品过于单一，目前只有碳配额在交易市场上流通，金融机构的金融工具无法参与，也缺乏形成二级市场的机制。

为解决这些问题，上海和广东进行了一些尝试。然而，这些尝试仅限于地方自身的理论探索，金融监管部门一直未明确是否允许进行碳金融衍生品的交易。这给市场留下了一定的不确定性，需要金融监管部门提供更明确的政策方向，以促进碳金融衍生品交易的发展。

2.3 中国统一碳市场建设与展望

2.3.1 全国碳市场建设顶层设计

在全国碳市场的试点建设过程中，2017 年 12 月，经国务院同意，《全国碳排放权交易市场建设方案（发电行业）》正式印发，标志着全国碳排放交易系统的正式启动。在碳交易市场建设中，其根本定位是将碳市场确立为控制温室气体排放的政策工具。此定位的性质包括阶段性、统一性、公平性、可操作性、兼容性、市场性、积极性、先易后难、循序渐进，同时需要妥善处理经济发展与减碳的关系、市场与政府的关系、各部门之间的关系、公平与效率的关系以及市场风险。

接下来明确了参与主体，包括政府、重点排放单位、核查机构以及数据平台（见图 2-9）。值得注意的是，数据报送平台与全国排污许可证的申报平台是统一的。在湖北，建立了注册登记系统；在上海，建立了全国的碳交易系统，形成了包括报送、登记和交易在内的三大平台。

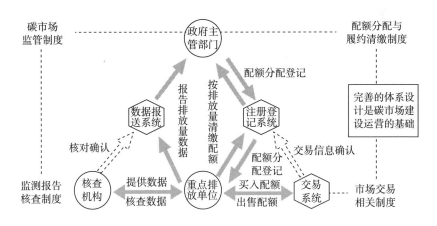

图 2-9 全国碳市场建设参与主体

资料来源：中创碳投。

2.3.2　全国碳市场配额总量和分配原则

在配额分配方面，我国采用了较为明确的分配思路。首先，按照统一的配额分配方法，自下而上开始计算重点排放单位的配额数量，并将其汇总至各省生态环境厅。随后，各省将配额总量上报至生态环境部，生态环境部在综合考虑"双碳"目标要求、经济增长预期等因素后，确定全国总量。最后，生态环境部将配额发放至企业账户。这一思路概括为先自下而上、再自上而下的过程。

一个很重要的原因是，目前我国尚未确立全国排放总量的概念，而是以碳排放强度下降为主要目标。在"十四五"规划中，也将强度下降（单位 GDP 的强度下降）作为重要目标。预计在 2030 年宣布碳排放达峰之后，会明确规定以某一变量作为核定数值，确立全国碳排放的峰值。届时，国家将在这一总量目标的基础上逐年下降进行分配，可能不再采用当前的分两步的方式（先自下而上再自上而下）进行分配。

在分配原则方面，与欧盟的做法类似，我国在初期主要采用了免费分配碳排放配额的方式。但随着市场发展和政策调整，我国计划逐步引入有偿分配机制。根据国务院发布的《碳排放权交易管理暂行条例》，我国已经表明将逐步引入配额拍卖分配方式，这意味着未来所有碳排放配额将通过市场交易获得，而不是免费获取。与此相对，欧盟目前已在电力行业全面实施了配额拍卖，实现了 100%的有偿分配。此外，欧盟还计划逐步降低其他行业的免费配额分配比例，并预计到 2034 年将完全取消免费配额，届时所有行业的碳排放配额都将通过拍卖等有偿方式进行分配。这预示着中国碳市场纳入管控的企业在未来可能面临从免费获取配额到全面参与有偿配额市场交易的转变。

观察我国各行业百强上市公司的碳排放统计情况，可以发现电力、水泥和钢铁这三大行业的排放总量规模相对更为庞大。同时，电力和水泥行业的排放强度要远高于其他行业，碳排放前 30 名企业几乎全部来自这两个行业。由此可见，电力、水泥和钢铁这三大行业，才是减碳工作的关键所在。

从国家的角度来看，整体的分配原则可总结为"抓大放小，先易后难"。这一原则适用于仅对二氧化碳全面管控，包括直接排放和间接排放。发电行业作为突破口，已率先展开碳交易。目前，重点关注的八大行业（包括发电、建材、钢铁、有色、石化、化工、造纸和民航），在稳妥推进的原则下，计划在"十四五"时期逐步扩大这些行业的碳交易市场参与范围，将其他已经具备条件的成熟行业纳入管控体系，如水泥、钢铁、电解铝和航空等。这意味着，随着碳交易市场的逐步成熟，将有更多的行业参与到碳排放配额的交易中，从而推动整个经济体系向低碳转型。

2.3.3　全国碳市场第一个履约周期

根据国家规划，"十四五"时期计划将上述八大行业纳入碳市场；而在"十五五"阶段，将进一步扩大范围，最终实现全行业的参与。

2021年3月底，生态环境部发布了《关于加强企业温室气体排放报告管理相关工作的通知》（以下简称《通知》），明确了2021年全国碳市场发电行业企业碳排放数据核查、两年度配额分配、清缴履约工作的进度安排。《通知》要求企业在2021年4月30日前完成对2020年排放的线上填报，截至2021年6月30日完成发电行业排放核查，而在2021年9月30日前完成对发电行业2019~2020年度配额的核定。截至2021年12月31日，企业完成了配额清缴，履约率高达95.5%。全国碳市场第一个履约周期圆满结束。

截至2022年4月30日，已有24个省（区、市）公开披露了履约情况。其中，北京刚刚纳入全国碳市场，企业尚未进行履约，而天津已在市级试点碳市场展开了履约工作。全国范围内，各地区公布的重点排放企业履约情况涉及1661家企业，其中有1551家已经成功完成了履约，而105家未能按时完成。各省对于未履约或未按时履约的企业进行了处罚，共计109家企业受到了处罚。其中，内蒙古有17家企业受到处罚，山东有14家，黑龙江有13家，河南有12家。值得注意的是，内蒙古的4家企业由于未在规定时间内完成履约，因此仍在接受主管部门的处罚。这些企业在当地的生态环境主管部门的规定下，虽然罚金金额不高，但在新的履约周期年度里，这些企业必须补齐未完成的配额，并按照最新的价格进行补缴，对企业而言是一项较大的负担。

在全国碳市场的第一个履约周期中，交易活动从7月份一直延续到12月底，整个半年的交易时间内呈现较为活跃的趋势。然而，由于现货市场的影响，交易活动呈现出明显的潮汐特征。大部分的交易量和价格波动主要集中在11月底到12月初，这段时间内交易量和交易价格均呈现上升趋势，这一现象与世界其他国家的碳市场的状况相似。正如前文所述，具有交易策略的企业通常在12月之前购买配额，价格相对较低。根据统计，这一时期的成交量不到2亿吨，成交额不到80亿元人民币。

中国碳市场包括8个试点区域和全国碳市场，共涵盖了2000多家企业，交易额约为300亿元人民币。总体而言，与欧盟相比，中国碳市场的交易规模存在显著差距，而且流动性明显不足，整体交易的换手率不到 2%。因此，学者们一直呼吁中国尽快解除碳市场的限制，以便更多的金融机构能够参与其中，类似于欧盟市场和其他国外成熟碳市场，实现二级市场交易，从而真正实现对双碳目标的有效贡献。

2.3.4 全国碳市场第二个履约周期

2022 年 3 月 15 日，《关于做好 2022 年企业温室气体排放报告管理相关重点工作的通知》正式印发，标志着新一年度的碳市场企业碳排放核算与核查工作正式启动。第二个履约周期的管理办法和分配方案在 2022 年 11 月正式发布。生态环境部于 2022 年 11 月 3 日印发了《关于公开征求〈2021、2022 年度全国碳排放权交易配额总量设定与分配实施方案（发电行业）〉（征求意见稿）意见的函》。值得注意的是，两个年度的履约周期均延后至 2023 年年底进行，与最初的预期相比，整个履约工作延迟较多。

因此，在整个 2022 年，全国碳市场的活跃度和交易量都相当有限，尤其是在第三季度。在分配方案公布之前的 9 月份，交易量接近于零，几乎没有企业进行交易，因为大家都对未来的政策充满了不确定性。在 11 月份方案公布之后，12 月份的交易量略有上升。因此，第二履约周期的推进速度相对较慢，对整个碳市场的发展进程产生了重大影响。

2.3.5 全国碳市场展望与未来趋势分析

在展望全国碳市场的下一步重点工作时，首先是迫切期待上位法和相关条例尽快出台和公布。其次，各地需要迅速公布实施方案，否则企业难以在不确定的情况下进行交易，这将严重影响企业交易的积极性和相关进程。最后，为解决信贷流动性差、参与度低的问题，必须开放机构投资者的参与。引入二级市场，以便迅速发挥其金融属性和价格作用，这样才能真正发挥碳市场作为国家双碳工作政策工具的作用。

目前，国家已经明确表示要发展碳排放市场，未来市场的前景相对来说是积极乐观的。首先，市场规模有望进一步扩大，更多的行业和企业将参与其中，从而会扩大交易需求，提升交易额，甚至实现期货交易模式。其次，试点市场将逐步退出，成熟一个行业后再纳入下一个行业，直至试点地区的全行业都被纳入全国碳市场中（目前发电行业已经脱离试点市场）。最后，在价格方面，预计未来将有上涨的趋势。根据《2021 年中国碳价报告》的预测，到 2025 年，碳价有望上涨至 87 元/吨，而在 2030 年之前可能升至 139 元/吨（最高可达 200 元/吨）。然而，实际价格水平存在较大的不确定性，并且从中长期来看，这种不确定性可能会增加。

总体而言，未来全国的碳排放配额供应将呈现先紧后松的趋势。目前，在政策尚未明朗的情况下，大部分的配额集中在央企手中，而这些企业不愿将其配额投放市场。因此，许多中小企业难以获得碳排放配额，这主要是由于政策不确定性所致。然而，一旦未来政策得到明确，企业的参与度将增加，供需将逐渐达到平衡，价格也将更加合理。届时将真正实现碳市场作为引导绿色产业发展的价格信号的作用。

2.4　企业参与碳交易意愿及低碳绩效的影响因素

本节分析了两个方面的内容：首先，探讨了影响企业参与碳交易的因素；其次，研究了技术、组织和环境因素如何直接或间接影响控排及非控排企业的碳交易意向和低碳绩效。研究结果显示，技术、组织以及环境等因素显著影响企业碳交易意向和低碳绩效。

2.4.1　技术因素

技术因素包括技术能力、技术支持和教育培训等方面。首先，技术能力被视为推动碳交易意向的因素。资源丰富的企业更有可能参与碳交易，因为它们更具备充分准备。此外，研究表明，技术支持和教育培训也对企业参与碳交易的意向具有显著影响（Sumner 和 Hostetler，1999；Hofmann，2002）。通过为员工提供培训，组织可以提升员工对碳交易功能和技术方面的理解，促进他们有效地参与碳交易。因此，对于管理者而言，制定强大而有效的培训模块以培养员工必要的技术知识，建立一个专门从事碳交易的团队至关重要。

2.4.2　组织因素

组织方面的因素包括高层管理支持、企业社会责任和财务收益等。研究表明，组织因素对于企业碳交易意向的影响显著，甚至可能超过环境和技术方面因素的影响。研究发现，高层管理支持在塑造企业采用碳交易意向方面发挥着关键作用（Tornatzky 等，1990；Hsu 等，2018；Ali 和 Titah，2021）。

高层管理层的全力支持和持续支持在通过提供时间、空间、设备和人员等必要资源来建立支持性的实施环境方面至关重要。这使得碳交易通常是通过自上而下的方式实施的。高层管理层必须认识到技术在提升组织绩效、解决已识别的绩效缺陷和利用商业机遇方面的重要性。

作为早期采用者，控排企业通常具备管理新技术以实现低碳绩效所需的能力。此外，高层管理在支持采用碳交易以及遵守国家碳排放报告规定方面发挥着至关重要的作用。这些努力不仅受到自愿行动的推动，还受到强制性要求的驱使。因此，高级管理层应该不仅仅将资源分配给基础设施，还要培养与碳交易相关的技术能力，以确保运营过程的顺利进行。

研究显示，企业社会责任的重要性仅在控排企业中显现，而在非控排企业中却没有。尽管各国已经实施了碳交易政策和法规，但这些政策的有效性有限。一些公司更倾向于支付罚款，而不是参与碳交易，这阻碍了企业低碳绩效的实现。

此外，中国的中小企业可以利用财务收益实现环境可持续性目标，财务收益能够在长期内增强企业环境可持续性发展能力。

2.4.3　环境因素

环境方面涵盖了竞争压力、规则和监管因素、市场和客户因素以及政府支持等要素。在竞争压力方面，研究表明企业在市场中面临的竞争压力能够显著影响其参与碳交易的意向。具体来说，当企业感受到来自同行业其他公司的竞争压力时，它们更可能寻求通过技术创新来降低成本、提高效率，并最终参与碳交易市场，以保持其市场竞争力（Pilkington，2016；Iansiti 和 Lakhani，2017；Wang 等，2019；Wong 等，2020）。企业被鼓励通过技术创新来保持竞争力，从而增强其在碳交易市场中的地位。这凸显了技术创新在应对竞争压力和实现碳交易目标中的重要性。

关于规则和监管因素，早期研究发现，严格的政府法规对企业的环保实践产生了积极影响（Zhu 等，2005）。来自环境法规的压力迫使企业采用环保创新，从而提高了成本效益和盈利能力（Chan 等，2016）。此外，研究还证实了规则和监管因素对企业碳交易意向的显著影响。研究发现，这种显著影响可以归因于环境法规的执行、企业的意识以及不遵守规则的惩罚等因素。

关于政府支持，有研究表明，政府支持对企业参与碳交易的意愿产生了积极且显著的影响（Chiang 等，2006；Arif 和 Egbu，2010；Li 等，2011）。这表明，政府的有效政策、激励措施和适当的法律框架成功地推动了碳交易的广泛采用。

政府政策的影响可以塑造利益相关者的信念，从而鼓励企业采用碳交易（Blismas 和 Wakefield，2009；Mao 等，2015），尤其是在政府具有重要影响力的国家。

2.4.4　技术、组织和环境因素的直接及间接影响作用

在前述研究中，确定了影响企业低碳绩效的因素，其中技术能力、高层管理支持、规则和监管因素以及政府支持被发现是企业低碳绩效的重要决定因素。研究结果表明，在这四个因素中，规则和监管因素的影响最为显著，其次是技术能力、政府支持，最后是高层管理支持。

此外，前人研究不仅检验了碳交易因素对企业低碳绩效的直接影响，还探讨了其间接影响（Orji 等，2020；Wamba 等，2020），结果证实了政府支持对企业低碳绩效有直接影响，并且通过对高层管理支持的影响也对其产生了间接影响。另外，早期学者发现财务收益对企业低碳绩效有显著的直接影响（Du 等，2021；Bag 等，2021；Dadhich 和 Hiran，2022），也有研究结果表明财务收益对企业低碳绩效有间接影响，即财务收益通过对中介高层管理支持的影响间接影响企业低碳绩效。

由于研究发现财务利益通过顶层管理支持的中介作用间接影响企业低碳绩效，管理者应该在整合财务利益和顶层管理支持方面寻求平衡。这意味着管理者不仅需要关注直接的财务激励，而且需要确保这些激励可以通过获得顶层管理支持产生更直接的影响。考虑到在各个方面顶层支持的重要性，管理者应努力培养和加强组织内的顶层管理支持。其中包括培训高层管理层了解低碳策略，确保他们充分认识到这些策略对公司长期可持续发展的积极影响。

此外，必须区分控排和非控排的企业，因为了解了这两类企业之间的差异后，可以有针对性地鼓励企业参与碳交易。研究发现，政府支持对于自我不知晓自己是控排还是非控排的企业具有积极影响，而规则和监管因素对自我知晓自己是控排或非控排的企业具有积极影响。另外，研究结果表明，相对于非控排企业，企业社会责任对于控排企业的低碳绩效有显著影响。

鉴于上述研究强调了控排和非控排企业之间的差异，管理者应采取差异化的管理策略。对于不知晓自己是控排还是非控排的企业，强调政府支持对低碳绩效的积极影响至关重要。由于政府支持已被确定为直接影响低碳绩效的关键因素，管理者应积极参与碳交易机制，建议企业与政府部门建立密切合作关系，获取支持并了解碳交易政策的最新动态。此外，为了更好地利用碳交易，管理者还应推动内部培训，提高员工对碳交易机制的理解和能力。然而，对于知晓自己是控排

或非控排的企业，重点应放在管理法规因素以改善低碳绩效上。相对于非控排企业，研究表明企业社会责任对于控排企业的低碳绩效具有更显著的影响。管理者应将企业社会责任纳入低碳战略规划，并在控排企业内强调其重要性。这可能包括加强公司的社会责任活动、提升品牌形象，并通过企业社会责任实践改善低碳绩效。

3 国内外碳排放数据监测、报告与核查体系介绍

本章的目标是深入探讨国内外碳排放数据监测的方法，分为四个关键部分，全面而系统地介绍与分析相关主题。首先，在 MRV 简介的部分，将着重介绍 MRV 的定义、核查与报告体系流程及其在碳市场中的作用和核算方法。通过对 MRV 基本框架的深入分析，使读者理解其在碳排放数据监测领域的核心意义。

其次，本章将详细探讨 MRV 的各类标准。此部分将涵盖主要温室气体监测和报告体系，解读 IPCC 国家温室气体清单指南，探讨自愿减排标准，并考察西方国家 MRV 体系建设的实际情况。通过这些内容的呈现，读者对 MRV 的标准体系能有更为清晰的认识。

再次，本章将聚焦于国家碳市场中的 MRV。这一部分将详细介绍我国碳交易市场排放量核定方法学，探讨重点行业温室气体核算方法，并详细阐述检测检查工作的区别与流程。这一部分的深入剖析旨在为读者对我国碳市场中 MRV 体系的全面了解提供支持。

最后，本章将对未来 MRV 的发展趋势进行展望。这部分重点关注未来 MRV 发展的方向和可行措施，以更好地把握行业发展的脉搏。通过这一章的系统梳理，旨在为读者提供全面而深入的关于碳排放数据监测方法的专业资料。

3.1 MRV 简介

3.1.1 MRV 的定义

企业在进行碳排放监测、核算报告、核查时通常需遵循相应的 MRV 规范。MRV 是为温室气体排放设计的监测（Monitoring）、报告（Reporting）、核查

（Verification）的体系（见图 3-1）。

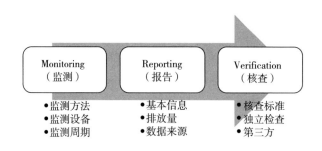

图 3-1　MRV 的定义

监测涵盖了监测方法、监测设备以及监测周期，即对数据进行监测。这涉及核心文件、指导性文件和支持性文件。企业首先需要编制监测计划，即确定要监测的数据和监测方法。这需要依据监测计划的编制指南，其中包括监测计划的模板。通常情况下，企业会自行编制监测计划，但如果没有能力，可以寻求第三方咨询机构的支持。

报告包括报告基本信息、排放量以及数据来源。完成监测计划后，需要编写排放报告。企业根据具体核算指南，计算上一年的碳排放情况，并按要求编写排放报告。排放报告通常由企业自行编制。

核查则包括由第三方机构根据标准独立核查监测和报告的准确性。政府会对监测计划和排放报告的编制进行认定，核查是否符合相关指南和规则。通常情况下，政府会委托第三方核查机构对监测计划和排放报告进行核查。这涉及核查指南和核查报告模板，以及核查机构的管理制度。

3.1.2　MRV 的原则

每个 MRV（监测、报告和核查）原则的适用对象有所不同，因此不同的 MRV 原则之间也存在一定的差异。在监测和报告体系的总体原则方面，按照国家相关要求，包括完整性、一致性、准确性、相关性和透明性，这些原则主要针对企业。首先是完整性，核算边界需确保无遗漏项（排放源和核算边界），无论是地理边界还是其他边界，都要保证排放量完整无遗漏。其次是一致性，在本年度、上年度以及历史年度，核算边界或核算主体不能发生重大变化。在进行对比时，必须保持横纵向的对比，以确保没有遗漏。再次是准确性，必须确保排放数据的准确性。无论是活动水平还是排放因子，都要客观反映企业的实际排放情况。最后是相关性，要求企业报告的数据和信息必须与其温室气体排放情况直接相关，以确保数据的有效性和使用性。透明性则要求企业在报告过程中提供充分的支持性文件和信息，使数据和方法可以被核查人员和其他相关方审查和验证。

在核查体系总体原则方面，涵盖了独立性、道德行为、公正性、职业审慎性等要素，主要面向第三方核查机构。首先，独立性体现在这些机构代表着独立于政府的企业，彼此之间不存在能够影响审核的利益关系。其次是道德行为、公正性和职业审慎性，强调企业在核算排放量时必须站在公开公正的角度，确保资产或企业的排放量既不过大也不过小，既不夸大也不低估排放量，以避免对企业利益造成不利影响。同时，作为第三方机构，其客观评估真实排放量的角色将为未来碳市场的履约和碳资产交易提供准确的数据支持。

3.1.3　监测、报告、核查体系的关系

实际上，监测和报告之间的关系并非孤立存在。监测和报告主要针对企业主体，二者之间存在密切的相互关联。监测技术和标准不仅代表排放报告的准确性和可靠性，同时也以间接的方式服务于企业。如果监测技术和标准严格遵循国家规范或相关标准，企业在报送时可靠性会得到提高。在进行核算时，能够客观地统计活动水平和排放因子，从而确保排放量的准确性。这实际上也为第三方核查提供了坚实的基础。

众所周知，第三方核查不仅仅是数据质量控制的监测计划，更是对企业排放报告的核查。一份出色的排放报告不仅能提高数据质量，而且能够大幅减少第三方核查的工作量。如果在核查过程中第三方发现了企业监测计划或排放存在问题，需要及时向企业提供反馈，促使企业修订监测计划和排放报告。这形成了一个相辅相成或相互反馈的过程。

通常情况下，初步阶段可能会出现较多问题，特别是在第一年。然而，随着后续工作的正常运转，三方关系将逐渐变得更加紧密，每年的调整可能性也会减少。因此，业内一般认为，一个良好的 MRV 体系实际上是企业与核查机构之间经过不断配合和磨合的过程后所形成的。

3.1.4　MRV 对碳市场的作用

MRV 作为碳市场的基石，其良好运作对于客观、准确地计算企业排放量及相关数据至关重要，碳市场的运作也依赖于此。

首先，MRV 可为碳市场主管部门的政策制定提供数据支撑，包括总量配额

设定和配额分配等。实际上，配额分配的依据源自 MRV 中企业提交的排放报告和第三方提交的核查报告。这些报告为碳市场总量设定和配额分配提供了重要的数据支持。

其次，MRV 提供了规范量化标准。如前几章所述，MRV 纳入碳市场的企业约有 8000 家，涵盖了八大行业。鉴于不同行业的特点，若缺乏量化规范标准，各方根据各自理解进行核算可能导致数据五花八门。通过建立统一的 MRV 体系，可规范核算方法和工作流程，提升企业碳排放数据的质量，确保整个交易市场的准确性。

最后，MRV 有助于明确碳资产管理。企业通过 MRV 最终核算出的排放量将成为未来其参与碳市场交易的一部分，这些碳排放数据将代表企业的资产。通过规范的 MRV，可以量化企业的碳排放成本，有效支撑企业的管理。

3.1.5　MRV 核算方法

MRV 的核算方法主要分为两类：一类是基于计算的方式；另一类是基于测量的。目前我国主流核算方法仍然采用理论计算方法。

关于理论计算方法，目前主要采用了两种方法。一种是排放因子法（标准法），其计算逻辑是根据公示期的排放量，利用活动数据形成相应的排放因子。活动水平数据可以涉及消耗量，也可以包括热值排放因子，具体根据活动因素进行对应。

在排放因子法（标准法）下，温室气体排放＝活动数据×排放因子，即：

$$E_{燃烧} = \sum_{i=1}^{n} AD_i \times EF_i$$

活动水平　　　　排放因子

另一种方法是质量平衡法（黑箱法），关注排放过程和生产工艺。然而，要监测具体的生产过程却相对较为困难。这种情况下，温室气体排放＝（进入核算边界的碳质量－离开核算边界的碳质量）×44/12，即：

$$E_{CO_2\ 原料} \left\{ \left[\sum_r (AD_r \times CC_r) \right] - \left[\left[\sum_p (AD_p \times CC_p) + \sum_w (AD_w \times CC_w) \right] \right] \right\} \times \frac{44}{12}$$

系统的输入含碳原料　　系统的输出含碳产品、副产品、废弃物

关于基于测量的计算方法，欧盟等国家广泛采用这种方法。目前，我国在个别行业（如火力发电行业、钢铁行业）进行了示范性应用，中国五大发电集团中的一些企业正在研究在线监测系统。在现有的烟道 CEMS 系统中，通过单独添

加二氧化碳模块，并采用红外方式进行计量，实现了对烟气流量和烟气中二氧化碳或温室气体浓度的监测，其计算逻辑与监测烟气中的粉尘、二氧化硫相似（可直接读数）。尽管这种方法在国内的应用还相对有限，但已有研究表明，通过不断的技术改进和实践应用，其准确性正在逐步提高。目前，一些企业已经能够将基于测量的计算方法的准确性提升至接近理论核算的水平，尽管可能仍存在一定的差距。这种进步表明，随着国内企业的长期努力和技术创新，我们有望进一步缩小实际测量值与理论计算值之间的差异。

基于上述方法，温室气体排放＝烟气流量×烟气中的 CO_2/温室气体浓度。

在阅读碳排放报告时，为了更好地理解各项数据的含义，有必要进行相关学习。以下是碳排放报告中一些可能出现的名词解释：

排放源：指释放温室气体进入大气的实体单元或过程。排放源通常可分为几类：第一类是化石燃料燃烧，如燃烧煤会产生温室气体排放；第二类是工业过程中的排放，如在脱硫过程中，碳酸钙在高温锻造后会产生二氧化碳；第三类是将碳燃料作为原料输入系统的化学产品，如甲醇或天然气，它们并非作为燃烧源存在，而是作为原料输入生产边界，产生甲醇或合成氨等化学产品，同样属于工业生产过程中的排放。

钢铁企业还涉及固氮产品的排放，这些产品实际上将碳固定在最终产品中，因此在计算时将其视为负排放源，需要进行相应的扣减。还有来自购入电力和热力的排放，即电解排放。此外，对于造纸企业和食品生产企业，生产废水在厌氧发酵过程中可能会产生甲烷。通常，这些排放源会被统一归入工业生产过程中。

直接排放和间接排放：在工业生产过程中涵盖了广泛的内容。从较大范围来看，可以将其划分为直接排放和间接排放两类。直接排放指的是排放主体拥有或控制的排放源所产生的温室气体排放；而间接排放则是由排放主体的活动导致的，但可能发生在其他排放主体拥有或控制的排放源中的排放。我国的间接排放主要包括两部分——电力和热力，即企业需要外购电力和热力用于产品生产和功能实现，这些并非企业自身直接产生的，因此被纳入间接排放的范围。除此之外，其他涉及排放源的都可以理解为直接排放。

活动数据：指与消耗或产生的燃料或物料数量相关的数据。能量以焦耳计量，而固体和液体质量以吨为单位，气体以立方米表示。在狭义上来看，活动水平数据通常可理解为消耗量或产生量，如消耗了多少吨煤、消耗了多少立方米天然气等。

排放因子：与单位活动水平数据产生的温室气体排放息息相关。活动水平数据以固体和液体质量为基础表示。例如，若活动数据表示消耗了多少吨煤，相应的排放因子即每吨煤排放了多少吨二氧化碳。将活动数据和排放因子两者相乘可得到温室气体排放量。

3.2 MRV 的各类标准

3.2.1 主要温室气体排放监测和报告体系

MRV 可分为两类：第一类是强制报告原则的体系；第二类是自愿原则的体系。不同的标准体系对应的企业适用范围也有所差异。

在强制原则中，第一种是 IPCC 国家温室气体清单指南，主要用于对行政区域和国家层级的核算。例如，我国的温室气体清单编制指南、各省市以及各市县的清单编制都可参考 IPCC 国家温室气体清单编制指南进行制定。此外，还有针对行政区域内污染气体排放量的指南，几乎涵盖了社会各个方面。第二种是为那些纳入欧盟碳市场的企业制定的核算标准和体系，这些标准必须是强制性的。

另一类是自愿性的，包括组织、个人、自愿减排的企业、大型活动等都可以采用自愿体系。常见的有温室气体核算体系（WRI&WBCSD）、ISO 14064 体系、PAS 2050 规范等。

3.2.2 IPCC 国家温室气体清单指南

IPCC 国家温室气体清单指南是应《联合国气候变化框架公约》（UNFCCC）的邀请进行编制的。该指南由政府间气候变化专门委员会（IPCC）编制，旨在通过指南核定每个国家的温室气体排放量，并为国际社会提供公认的方法学。这些指南基于同一标准编制，涵盖了每个国家的门槛、编制水平、编制标准以及编制流程。通过这些指南，各国能够估算其温室气体排放清单，随后向 UNFCCC 提交报告。

IPCC 官网主要涉及国家级温室气体清单编制指南的五个领域，包括能源活动、工业生产过程、农业活动、土地利用变化和林业、废弃物处理等。农业活动排放量通常集中在一个行政区域内，大约占 90%。而工业生产过程、农业过程和废弃物处理的排放量相对较小，土地利用变化和林业则属于负碳过程。

在所有排放中，温室气体并非仅包含二氧化碳一种。实际上，温室气体种类繁多，如之前第 1 章中提到的六种温室气体，通常指的是《京都议定书》第一承诺期所涉及的六种主要温室气体，包括二氧化碳（CO_2）、甲烷（CH_4）、氧化亚氮（N_2O）、氢氟碳化物（HFCs）、全氟碳化物（PFCs）和六氟化硫（SF_6），其中二氧化碳占比最大。

《京都议定书》第二承诺期加入了三氟化氮这种温室气体，同时还有三氟甲基五氟化硫（SF_5CF_3）、卤化醚和《蒙特利尔议定书》中未涵盖的其他卤烃等，但由于含量相对较小，目前国内尚未特别关注。

3.2.3 欧盟 MRV 体系

欧盟碳市场核算体系是最早启动的行政区域范围内的强制性碳市场核算体系。目前，欧盟 MRV 体系经历了多次修订，最早的法律框架是 2003 年出台的《建立温室气体排放配额交易的机制》。此后，该体系在 2018 年进行了更新修订。2020 年，发布了 2085 号监测与报告法规（Monitoring and Reporting Regulation）、2084 号认可与核证规范（Accreditation and Verification Regulation），以及 2019 年颁布的民航核算规范（Commission Delegated Regulation）。这些规范具体包括固定排放设施指南、航空业指南、第三方机构指南、企业对口监管机构指南和第三方机构对口监管指南。

欧盟碳市场的管理机构为欧盟及其各成员国。温室气体覆盖范围包括六种主要气体，即 CO_2、CH_4、N_2O、HFCs、PFCs 和 SF_6。该市场适用范围广泛，覆盖欧盟 27 个成员国，包括克罗地亚、冰岛、列支敦士登和挪威，共计 11000 多个设施，约占全国 45% 的温室气体排放。报告的主题主要涵盖企业排放设施，而航空方面则以企业为单位进行报告和管理。

3.2.4 英国 MRV 体系

英国是全球最早实行碳排放交易体系的国家之一，于 2002 年建立了首个碳排放交易体系（UK Emission Trading Scheme）。随后，在 2005 年，英国加入了欧盟碳市场。脱欧后，英国于 2021 年初正式建立了独立的碳市场。值得注意的是，在第 1 章中提到的欧盟是于 2005 年最早建立强制性碳市场的地区之一。英国的早期实践和参与为欧盟碳市场的发展提供了宝贵经验，并推动了碳交易体系在更广泛范围内的建立和完善。

目前，欧洲碳市场分为两个独立的市场——欧盟碳交易市场和英国碳交易市场。碳定价分别以欧元和英镑进行单独结算，覆盖范围包括电力行业（北爱尔兰的发电机组仍留在 EU ETS）、重工业和航空业（不包含海运业）。这些行业占据了英国温室气体排放总量的约 1/3。

MRV 框架采用欧盟 EU ETS 第四阶段的设计，对于运营商，特定情况下可以使用全国报告的数据作为默认值。尽管与欧盟体系存在一些差异，但航空业已发布了相关的信息指南。报告频率为年度自我报告，要求在每年 3 月 31 日之前由第三方机构进行验证。

3.2.5　美国加州 MRV 体系和 RGGI 计划

2006 年，美国加州州长签署通过了众议院 32 号法案（Assembly Bill 32, AB32），即全球变暖应对法 2006（California Global Warming Solutions Act of 2006），标志着 MRV 体系在美国的实施。监测和报告的范围主要包括 AB32 法中规定的温室气体强制排放报告的要求，具体内容涵盖美国国家排放清单、设施的强制报送以及第三方核证三个方面。所涵盖的温室气体种类包括《京都议定书》第一阶段规定的六种温室气体，即二氧化碳（CO_2）、甲烷（CH_4）、氧化亚氮（N_2O）、氢氟碳化物（HFCs）、全氟碳化物（PFCs）和六氟化硫（SF_6）。涉及的排放源即加州要求年排放量达到 25000 吨二氧化碳当量的设施需要报告其温室气体排放量，并由第三方机构进行核证。

此外，美国还实施了区域温室气体计划（Regional Greenhouse Gas Initiative, RGGI），是指美国东北地区和中大西洋地区的十个州在 2009 年启动的联合减排行动。该计划纳入的设施相对较为单一，仅涉及电力设施。因此，相应的监测也相对简化，RGGI 采用直接测量的方法来监测温室气体排放，要求每个电厂安装温室气体实时测量的排放连续监测系统（Continuous Emissions Monitoring Systems, CEMS），每 15 分钟记录一次烟道气容积流率、烟道气含水量、热输入及氧气和二氧化碳浓度等数据。

RGGI 通过与 CEMS 配套的自动数据获取和处理系统（Automated Data Acquisition and Handling System，DAHS）能够快速获取排放数据，并要求企业每个季度提交一次排放报告和数据。每个 CEMS（包括与其配套的 DAHS）都必须通过一系列认证测试，企业账户授权代表需要向主管机构提交 CEMS 的认证申请（Certification Application）。主管机构将在收到申请后的 120 天内决定是否批准该认证。如果 CEMS 经过改造或者流量、含水量等发生大幅变化，需要重新进行认证。

3.2.6　ISO 体系

在 MRV 体系中，除了上文提及的强制性体系外，还涵盖了一系列自愿减排体系，其中 ISO 体系便是其中之一。在组织层面，ISO 14064-1 标准，即《组织层面温室气体排放和清除的量化和报告的规范和指南》，包括了涉及温室气体排放和清除的量化和报告核算标准。此标准主要适用于行政区域层面，涵盖地区和企业排放。

而在项目层面，采用 ISO 14064-2 标准，即《项目层面温室气体减排和清除增量的量化、监测和报告的规范和指南》。这一标准可被理解为项目监控的指导。以 CCER 项目为例，尽管我国拥有自己的核算方法，但实际上 ISO 14064-2 也提供了项目减排量的一种标准方法。对于自愿减排量，如果没有官方规定，同样可以采用 ISO 14064-2 进行项目层级核算。

ISO 14064-3 标准则是关于《温室气体-第三部分：有关温室气体声明审定和核证指南性规范》的规范，专注于温室气体声明审定和核算结构，具体涉及第三方核查机构的操作。

另外，ISO 14067 则指的是《产品碳足迹》，当前备受关注。

3.2.7 温室气体核算体系（GHG Protocol）

温室气体核算体系由世界资源研究所（WRI）和世界可持续发展工商理事会共同建立，服务对象涵盖企业、非政府组织（NGO）、政府以及其他组织。该体系早期确立了一系列框架和原则，旨在协助机构测量和管理温室气体，推动全球走向低碳经济。其服务对象和目标广泛而宏大。

在具体的温室气体核算体系中，主要标准较多，如最早的《企业核算与报告标准（2004）》。《企业价值链（范围三）核算和报告标准（2011）》，针对供应链部分，许多大型企业正在逐步进行供应链范围内的核算，但工作量较大，正在逐步摸索过程中。其他主要标准包括《产品生命周期核算与报告标准（2011）》《项目核算标准（2005）》《政策和行动核算与报告标准》《减排目标核算与报告标准》。

相关标准适用于多个场景，包括企业、产品、供应链、政策和减排等不同领域。这些标准涵盖了当前所有与温室气体相关的规范，主要内容相对固定，包括核算边界、温室气体种类、温室气体核算、温室气体报告和设定温室气体目标等方面。

相关工具分为跨部门工具和特定工具两类。跨部门工具主要用于核算固定设施和移动设施的排放，其中包括固定源燃烧、外购电、运输或移动源等方面；而特定工具则专注于各个行业，如铝、水泥、钢铁、石灰、造纸等行业，形成了庞大的核算体系。

3.2.8 PAS 2050

PAS 2050 规范主要面向商品和服务在其生命周期内的温室气体排放进行评价。该规范可分为两类评价体系：一是"从摇篮到坟墓"（B2C）体系，包括产品在整个生命周期内产生的所有排放；二是"从摇篮到大门"（B2B）体系，包括直至输入到达新组织前释放的温室气体排放（包括所有上游排放）。

目前，国内大多数评价仍侧重于"从摇篮到大门"（B2B）的阶段，因为在B2C，尤其是终端消费领域，实际上很难准确核算碳足迹。因此，当前主流评价体系主要以 B2B 为主，而非对整个产品生命周期的全面评估。

3.2.9 产品碳足迹国际标准发展历程

如图 3-2 所示，最早的要求指导是 2006 年的 ISO 14044，后来发展为 PAS 2050（2008—2011），再到后来的 ISO 14067（2013）。实际上，这些标准大多依附于最初的标准，通过修订和完善不断被引用。

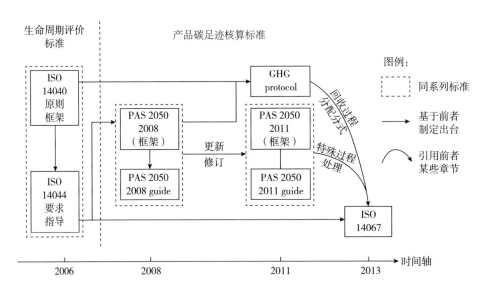

图 3-2 产品碳足迹国际标准的发展历程（2006~2013 年）

3.2.10 各种监测、报告体系特点的对比

目前的趋势显示，未来主要将采用 ISO 14064 标准，并同时借鉴 PAS 2050 框架。在监测体系方面，主要涉及两种不同的监测方式，即强制性和自愿性监测体系。这些监测和报告体系主要包括目的、服务对象、温室气体核算以及主要产出等几个方面（见表 3-1）。

表 3-1　各种监测、报告体系特点对比

监测、报告体系	主要目的	服务对象	核算的温室气体	主要产出
IPCC	报告国家温室气体排放和清除的情况	UNFCC 签署成员国	CO_2、CH_4、N_2O、HFCs、PFCs、SF_6、NF_3、五氟化硫、三氟化碳、卤化醚、《蒙特利尔议定书》未涵盖的其他卤烃	国家温室气体清单
欧盟等监测、报告体系	ETS 下的履约企业参与碳交易	ETS 下的履约企业	CO_2、CH_4、N_2O、HFCs、PFCs、SF_6	设施温室气体排放
温室气体核算体系	帮助机构测量和管理温室气体走向低碳经济	企业、NGO、政府、其他组织		项目减排量化 产品温室气体排放 企业温室气体排放
ISO 14064-1 ISO 14064-2 ISO 14064-3	帮助机构测量和管理温室气体	企业、NGO、政府、其他组织		项目减排量化 企业温室气体排放
PAS 2050	帮助测算商品和服务在生命周期里的碳足迹	企业、NGO、政府、其他组织		产品温室气体排放

IPCC 的服务对象主要是 UNFCC 签署的成员国，覆盖了所有温室气体种类，其主要产出为国家温室气体清单。欧盟等监测与报告体系主要关注欧盟内的履约企业，详细阐述了设施层面的温室气体排放，核算的温室气体主要包括前文提到的六大类。在表 3-1 中的三个自愿型监测与报告体系（温室气体核算体系、ISO 14064 标准、PAS 2050 规范）中，服务对象和核算的温室气体种类相似，但主要产出略有不同。

3.2.11 自愿减排标准

表 3-2 中列出了一些国际和国内的自愿减排体系标准及相应的细则。其中，

清洁发展机制（CDM）为人熟知，尽管针对发展中国家的减排量审核目前暂停，但仍有机构颁发类似 CDM 的减排量，以吸引国际大型企业购买。常见标准如核查碳标准（VCS），作为全球最大的自愿减排对外市场，其成交量和价格都相对较高。另外，气候、社区和生物多样性标准（CCB）与 VCS 密切相关。此外，中国当前迫切需要启动 CCER 交易体系，其中涉及发起者、项目区域以及接受项目的类型（尤以土地利用、林业和森林项目为主，且属于优质项目）。每个方法都对应着不同的方法学。

表 3-2　国际和国内的自愿减排体系标准及相应细则

标准	主要发起者	项目区域	接受项目类型	方法学要求	审定/核查
清洁发展机制（CDM）	联合国气候变化框架公约	发展中国家	土地利用变更和森林、甲烷回收利用、新能源与可再生能源、节能与提高能效等	CDM 批准的方法学	审定与核查由不同的指定经营实体（DOEs）完成
黄金标准（GS）	世界自然基金会、南南一南北合作组织、国际太阳组织	全球	可再生能源（包括甲烷发电项目）、改善终端能效项目、小于 15MW 的水力发电项目	黄金标准 CERs：CDM 批准的方法学；黄金标准 VERs：CDM 批准的方法学；新方法学必须由两位独立专家审查并由 GS 技术委员会批准	项目审定与核查不能是同一家 DOE 实体（小模项目除外）
核查碳标准（VCS）	国际排放权交易协会（IETA）、世界经济论坛（WEF）、气候组织（TCG）	全球	减少温室气体的项目，不包括为了实现商业效益的减排项目（如新的 HCFC-22 项目）	CDM 批准的方法学；其他个别新方法学必须有两名 VCS 认证的独立核查人检查并由 VCS 董事会通过（董事会保留检查每一个方法学的权利）	审定与核查可以是同一家实体机构，并且项目是否通过不由 VCS 委员会决定而是由核查实体决定
核查减排标准（VER⁺）	南德意志公司、（TUV SUD）	全球	减少温室气体的项目，不包括任何 HFC 项目，核能项目和超过 80MW 的水力发电项目，超过 20MW 的水力发电项目必须得到世界水坝委员会的认可	CDM 或 JI 批准的方法学；提议的新方法学由负责的审计员评价与批准	审定与核查可以是同一家实体机构，并且项目申请不需要东道主国家政府批准

标准	主要发起者	项目区域	接受项目类型	方法学要求	审定/核查
气候、社区和生物多样性标准（CCB）	气候、社区和生物多样性联盟（CCBA）	全球	土地利用变更和森林	IPCC 2006 AFOLU 温室气体排放清单指南或更有效和详细的方法学	审定与核查可以是同一家实体机构
中国核证自愿减排量（CCER）	中国应对气候变化主管部门	中国	可再生能源、林业碳汇、甲烷利用等	CCER 方法学	项目审定与核查不能是同一家 DOE 实体（小规模项目除外）

资料来源：中创碳投。

3.3　国家碳市场中的 MRV

3.3.1　中国——全国碳市场

我国的碳市场 MRV 体系与国内碳市场的形势紧密相连，主要涵盖了电力、化工、建材、钢铁、有色、造纸、石化和民航八大行业。国家已制定了详细的行业目录、行业代码、行业类别以及行业子类，企业只有在其生产的产品属于行业子类范围内时，才需要纳入全国碳市场的监测、报告和核查体系。

中国的温室气体核算报告流程主要分为三个关键步骤：首先，企业进行核算与报告，按年度核算并报告其温室气体排放量及相关数据。其次，进行第三方核查，各省级应对气候变化主管部门负责组织对报告内容进行评估和核查。对于核查不合格的情况，要求报告主体限期进行整改并重新报送。最后，进行审核报送，对汇总评估后的报告数据进行审查，并将结果上报国家主管部门。

3.3.2　全国碳市场排放量核定方法学

在核算部分，我们可以区分当前国内主要的量化核算标准。第一是国家标准，包括《工业企业温室气体排放核算和报告通则》以及 10 个重点行业的标准，采用国标（GB）的方式发布。第二，由于它们目前尚未完全与全国碳市场相匹配，在碳市场核算时并不采用国家标准，主要采用的是行业指南，即 24 个行业核算指南、补充数据表和数据质量控制计划。第三是设施指南，即《企业温室气体排放核算方法与报告指南发电设施（2022 年修订版）》，该版本针对发电设施行业指南进行了调整。第四是区域指南，即试点地区行业核算指南，如福建和广东的陶瓷厂、北京的供热和服务业。

截至 2024 年，主管部门已经发布了三批行业温室气体核算方法与报告指南，共涵盖 24 个行业（见表 3-3）。第一批发布了 10 个行业，第二批发布了 4 个行业，第三批发布了 10 个行业。在首批的 10 个行业中，水泥、电解铝和发电行业目前正在采用以设施为单位进行核算的新方法。

表 3-3　24 个行业温室气体核算方法与报告指南

首批 10 个行业	第二批 4 个行业	第三批 10 个行业
水泥	煤炭生产	机械设备制造
陶瓷	石油天然气生产	电子设备制造
平板玻璃	石油化工	食品/饮料/烟草/茶
电解铝	独立焦化	纸浆/造纸
化工		公共建筑物
镁冶炼		陆上交通运输
发电		矿山企业
钢铁		其他有色金属冶炼
民航		氟化工企业
电网		工业其他行业

重点行业温室气体排放核算具有以下四个特点：首先，通常以最低一级的企业法人为核算单位；其次，涵盖与生产经营活动相关的全部排放，包括直接排放和间接排放；再次，核算方法简单易行，具有较强的可操作性；最后，覆盖了 6 种温室气体，包括 CO_2、CH_4、N_2O、HFCs、PFCs 和 SF_6。

全国碳排放权交易第一阶段的纳入门槛涵盖了 8 个行业（石化、化工、建材、钢铁、有色、造纸、电力、民航）。要满足纳入条件，即在 2020 年和 2021 年的任意一年度，企业或其他经济组织的温室气体排放量需达到 2.6 万吨二氧化碳当量（相当于综合能源消费量约 1 万吨标准煤）及以上。

在报告要求方面，发电行业需遵循《企业温室气体排放核算方法与报告指南发电设施》的规定，编制排放报告，填写相关信息，并上传必要的支撑材料。其他行业则应按照相应行业的企业温室气体排放核算方法与报告指南和补充数据表的规定进行，详细报告温室气体排放情况、生产相关情况，提供相关支撑材料，并注明编制温室气体排放报告的技术服务机构信息。

3.3.3　行业补充数据表规范及解读

补充数据表是基于 2005 年 5 月发布的补充通知而制定的，其主要目的在于三个方面：一是明确定义各行业企业纳入全国碳排放权交易体系的配额管控范围；二是规范向被纳入企业分配配额时所需支撑数据的填报要求；三是规范在量化被纳入企业配额清缴义务时所需排放量数据的填报要求。

不同行业使用不同的补充数据表。以钢铁行业为例，其表对各个工序进行了详细划分，包括焦化、烧结、球团、高炉炼铁、转炉炼钢、电炉炼钢、轧钢、石灰以及其他辅助工序。有色行业则分为电解铝和铜冶炼两个主要部分。石化行业则细分为原油加工和乙烯两个重要领域。造纸行业包括纸浆、纸和纸板两个方面。化工领域包含电石、合成氨、甲醇、尿素、纯碱、烧碱、聚氯乙烯、硝酸生产、HCFC-22 生产等多个子行业。航空行业的补充数据表主要以机场为主要关注点。建材行业涵盖水泥熟料和平板玻璃两个主要领域。

核算方法与报告指南和补充数据表在功能和应用方面存在显著差异。这些差异主要体现在以下几个方面：第一，两者的设计目的不同。核算方法与报告指南的主要目的是支持全国温室气体排放报告制度，而补充数据表则旨在支持全国碳交易制度，满足配额分配方法的要求。第二，适用范围和门槛相似，都涵盖了在 2020 年和 2021 年任一年度温室气体排放量达到 2.6 万吨二氧化碳当量及以上的行业企业或其他经济组织。第三，报告边界方面，核算方法与报告指南侧重于企业法人，而补充数据表则既包括企业法人又包括生产工序。第四，数据类型上，核算方法与报告指南主要涵盖企业排放数据，而补充数据表则包括企业排放数据、生产数据以及与配额相关的数据。第五，气体种类方面，核算方法与报告指南包含六种温室气体，而补充数据表仅涉及二氧化碳。

3.3.4　监测计划制定和作用

监测计划已经更名为数据质量控制计划，这一变更凸显了主管部门对碳排放数据质量的高度重视。根据报告指南的规定，该计划旨在规范温室气体排放量报告工作，明确了数据的监测、收集和获取过程，以确保数据的完整性和准确性。

企业应基于现有监测条件，结合现有计量器具和数据管理流程制定监测计划。该计划的核心内容包括数据监测方法和要求、数据记录和统计分析汇总流程，以及监测设备的配备和管理。近两年来，生态环境部、生态环境部执法局，以及各省市执法局或执法大队均对碳市场的数据质量进行了随机公开抽查，实行定期检查。

监测计划的作用可分为四个方面：首先，它将温室气体排放核算与报告指南的要求转化为适用于企业内部的规范（一厂一策）。这是因为国家制定的标准不一定适用于各个企业。因此，通过监测计划或数据质量控制计划，将核算指南进行统一转化，以符合企业内部管理的要求。其次，监测计划明确了参与碳排放核算的每个参数的获取方式，包括活动水平数据和排放因子。再次，它增强了数据的可获得性和可追溯性。在第三方核查时，需要追溯数据。如果企业不能做到数据的追溯和随时获得，未来可能会面临较大的压力。政府主管部门如果不采用这些数据，按照保守性原则估算，可能会对企业未来的碳资产造成较大损失。最后，监测计划规范了企业内部数据的质量控制流程，无论是生产数据还是传播数据，都能使企业内部管理更加规范，提高管理效率。

3.3.5 碳核查定义与目的

碳核查是指由第三方对排放单位报告的温室气体排放量及相关数据进行事后的独立检查和判断。核查的目的主要包括两方面：首先，确保排放单位的温室气体排放报告报送符合核算指南的要求，同时保障二氧化碳排放数据的真实有效、客观公正。其次，为配额分配与清缴履约提供有力保障，为碳达峰和碳中和目标的实现提供重要基础。

3.3.6 碳核查工作流程和依据

如图 3-3 所示，具体的工作流程包括核查安排、建立核查技术工作组、文件评审、建立现场核查组、现场核查、编写核查报告、告知核查结果和保存核查记录。将编写核查结论修改为编写核查报告，这对核查机构来说是一项有利的工作。因为很多问题并未体现在核查结论中，导致后续专家评审时可能出现问题。编写完整的核查报告对企业来说非常有利。

根据生态环境部于 2021 年发布的最新《企业温室气体排放报告核查指南（试行）》，该指南规定了重点排放单位温室气体排放报告核查的原则和依据、核查程序和要点、核查复核以及信息公开等内容，适用于省级生态环境主管部门组织对重点排放单位报告的温室气体排放量及相关数据进行核查。对于重点排放

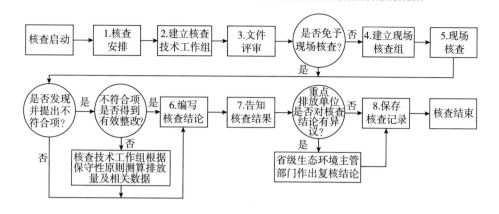

图 3-3　核查工作流程

单位以外的其他企业或经济组织的温室气体排放报告核查、碳排放权交易试点的温室气体排放报告核查，以及基于科研等其他目的的温室气体排放报告核查工作，可参考该指南执行。

3.3.7　核算与核查的关系

核算与核查是两个独立的环节。重点排放单位的任务涵盖了制定和修订数据质量控制计划（M）、监测相关数据（M）、编制初步排放报告（R）并完成最终排放报告（R），以履行其责任。而核查方（包括技术工作组和现场核查组）的职责则包括对数据质量控制计划的核查（V）和对排放报告的核查（V）。这两个方面的工作相互协调，共同确保了温室气体排放的可信度。

3.3.8　国内 MRV 体系存在的问题分析

我国的 MRV 核算体系已经运行了近 10 年，但目前仍存在一些问题。

第一个问题是存在指南不一致的情况。我国有 24 个行业指南，而这些指南在某些术语和定义上存在差异，给排放企业和核查机构带来一定程度的困扰。尽管在国标（GB）中已经进行了统一，但目前国标尚未得到广泛应用，核算指南仍然是主要依据，因此数据的定义存在差异。

第二个问题是不同行业指南对于相同种类燃料的单位发热量、单位热值含碳量、碳氧化率的缺省值数据存在不一致性。例如，两家相邻企业，一家是化工企业，另一家是钢铁企业，它们购买的燃料都来自同一个供应商，然而，在计算过程中，这两家企业在热值、单位含碳量和碳氧化率等方面采用了不同的数值。这种情况在目前的指南中相对常见，而且不同行业对于相同燃料的处理方式也存在差异。

第三个问题涉及补充数据表。目前，我国尚未将补充数据表整合到技术指南中，而只是由主管部门发布了一份包含注释的表格。这种注释对于不同的使用者可能导致不同的理解，从而可能使企业的内容核算不够全面。此外，不同的核查机构对这些注释的理解也存在差异，缺乏一致性标准，这可能在未来带来较大问题。

第四个问题是监测计划缺乏具体规定。在当前的核算指南中，并未对监测计划进行详细描述，因此企业在制订监测计划时无法依循指南，也难以根据主管部门发布的模板进行制定，缺乏明确的指导性。

第五个问题涉及核查机构的能力参差不齐。在各省份，主管部门主要通过招标的方式来选拔核查机构。然而，核查机构的质量存在良莠不齐的情况。一些机构甚至通过低于成本的价格中标，导致各地选定的核查机构水平出现较大差异，甚至可能出现"劣币驱逐良币"的现象。

第六个是电力行业元素碳取值的问题。实际上，涉及的问题包括元素碳高限值大幅高估企业实际排放，背离真实、一致和准确性的基本原则；高限值导致未做好实测准备的煤电企业在承担保供任务且本身已经严重亏损的情况下增加额外成本；高限值政策引入和实施比较仓促，为碳排放数据造假埋下隐患。

第七个问题是数据干扰环节较多。尽管标准中有检定方法，但在执行过程中，每个机构的操作存在差异，且由于数据统计过程中涉及人员的参与，实际上为伪造数据创造了一定的空间。目前存在一些问题尚无法解决，需要密切关注主管部门未来是否会颁布碳交易管理条例，并加大违法成本。在当前阶段，只要企业利润足够可观，仍然存在一定的造假动机和空间。

3.4 未来 MRV 发展趋势与建议

未来需要从目前存在的问题入手，可以从以下四个方面展开。首先，要完善核算指南的一致性，包括定义和一些参数，都应确保一致性。其次，逐步统一核算指南、补充数据表、检测计划/数据质量控制计划。这样，企业、机构以及咨询单位的主管部门只需查看合并后的指南，避免目前各行业指南内容过多导致企业难以及时更新自己的数据和监测方式。再次，调研和借鉴典型国际碳市场以及国内碳交易试点对燃煤元素碳含量鼓励实测但未采取高限值政策的实践经验，从源头消除碳排放数据造假隐患。最后，解决在线监测问题。未来需要借鉴国际经验，对于大型火力发电企业和风险企业，采用连续监测降低企业成本和政府管理成本，同时尽快建立和完善在线监测技术体系。

4 碳市场配额总量设定与配额分配一般方法

企业在全球范围内面临着碳中和的紧迫需求，为实现可持续发展和应对气候变化，碳市场的配额总量设定与配额分配成为关键议题。本章结合国内外知名企业的碳中和行动案例，旨在深入分析企业碳中和的必要性，着重涵盖我国碳市场的配额分配相关内容，包括覆盖范围、总量设定、原理和方法，以及典型行业的配额分配规则和计算公式。内容主要分为以下四个部分：

首先，简要介绍我国碳市场配额分配的覆盖范围，包括适用的行业范围和总体计算与分配规则。通过对配额总量设定的原则和方法的阐述，使读者对我国碳市场体系形成整体认知。其次，深入介绍全国碳市场配额分配的整体思路和基本原理，以更好地理解碳市场配额的背后逻辑。通过清晰的方法论阐述，为企业和相关从业者提供实际操作的指导。再次，详细介绍发电行业、水泥行业和电解铝行业的配额分配规则及计算公式。通过对典型行业的深入分析，为不同行业的企业提供具体的配额分配方法，使其能够更好地适应碳市场的要求。最后，对碳市场配额分配的时间点和流程进行梳理，能够明晰企业在参与碳市场时的操作步骤和时序，为企业的配额分配提供明晰的指引。

4.1 覆盖范围和总量设定

4.1.1 碳市场覆盖范围

在深入研究碳市场的覆盖范围之前，我们将通过图 4-1 的框架图形式，展示碳市场整体的结构。该框架图的基本要素包括覆盖范围、总量目标、配额分配、MRV（监测、报告和核查）和遵约机制五个方面。在法律保障的基础上，相关机构通过支持工具和多种调控机制完成碳市场配额的统计、分配和运行工作。

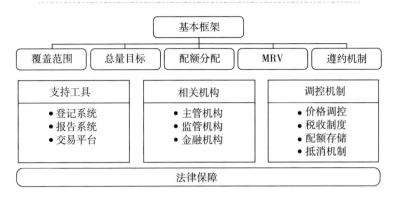

图 4-1　碳市场覆盖范围的基本框架

配额是碳排放权，官方解释为在规定时间内分配给重点排放单位的碳排放额度。其中，重点排放单位指的是受到排放管控的企业。每单位的配额等同于一吨二氧化碳当量，计量单位为吨。

配额是碳排放权的凭证和承载工具，同时也是企业的资产，完全归属于企业本身。配额的合理分配是确保市场平稳运行、有效运作以及实现减排效果的关键要素。由于配额的分配直接牵涉到整个社会的减排成本，因此也是碳市场构建中至关重要的环节。在整个碳交易体系中，配额分配往往是各参与方最为关切的议题。

配额分配的总量决定了分配的强度，而分配的方法则决定了配额的灵活性，直接影响碳市场交易的活跃程度和减排措施的有效性。因此，企业在推行碳市场和碳交易计划时，首要关注的是自身能够获得多少配额。

除了基本框架中提到的五大核心要素之外，碳市场还涉及以下几个支持工具：注册登记系统承担了配额的权属发放和数量统计的任务；排放数据报告系统则是控排企业每年必须向其上报排放情况的工具；交易平台则是企业进行碳资产配额交易的主要平台。

除了支持工具，相关机构、调控机制以及法律保障等都是维持碳市场平稳运行的重要方面。这些要素共同构筑了碳市场的框架，为其有效运转提供了全面支持。

配额的具体分配方法与碳市场的管理体系有关。根据生态环境部于 2019 年初发布的《碳排放权交易管理暂行条例（征求意见稿）》，碳市场的管理体系经历了调整，由原先的国家和省两级主管部门变更为国家、省、市三级主管。全国碳市场的主管部门是生态环境部，其职责涵盖了建章立制和统筹协调工作，从顶层角度进行设计，并确定全国碳市场的温室气体种类、行业范围以及分配方案。

省级主管部门的职责是与国家主管部门密切配合，直接负责与各项工作对接，并推动本省或本行政区域内的实际工作；相应的配额分配和清缴责任由省级主管部门承担；市级主管部门则负责协助省级生态环境主管部门，确保企业的实际工作得到有效推进。

目前，《碳排放权交易管理暂行条例（草案）》已于2021年1月5日发布，并自2021年2月1日起生效。该草案颁布后将对国家、省、市三级主管部门的具体工作提出更为明确的要求。原计划该条例应在2022年颁布，然而，经审议后颁布的时间被推迟，于2023年1月5日最终审议通过。《碳排放权交易管理暂行条例》已经于2024年1月5日国务院第23次常务会议通过，2024年1月25日公布，自2024年5月1日起施行。

4.1.2　碳市场覆盖对象

确定将配额具体分配给哪家企业需关注碳市场的覆盖对象。考虑的主要重点包括纳入的行业范围、涉及的温室气体种类以及适用的标准。

在确定纳入的行业方面，并非所有行业都应被涵盖。我国拥有多种企业类型，将所有行业全部纳入碳市场不仅会增加政府的监管成本，也会给企业带来额外的合规压力和运营挑战。目前，已经纳入碳市场的主要是高排放工业企业，如能源、水泥、建筑、化工等行业。服务、交通、零售、化工四个行业将在试点结束后逐步引入，这取决于当地政府对碳市场设计初衷的考量。例如，北京碳市场已经将服务行业和交通行业纳入考虑。各试点碳市场对纳入的行业也存在差异。

在纳入气体方面，需考虑温室气体的范围，即《京都议定书》中规定的温室气体，主体是二氧化碳，因其排放量最大，占比约为70%。在其他碳市场中，有些市场将《京都议定书》规定的六种温室气体全部纳入，比如重庆的碳市场，涵盖了六氟化硫、全氟化碳、氢氟碳化物、氧化亚氮、甲烷等气体。

根据最新的《京都议定书修正案》，三氟化氮被列入温室气体之一。然而，在全国范围内，目前尚未考虑将三氟化氮纳入全国碳市场或试点碳市场，主要原因在于当前评估主要集中在二氧化碳上。

在确定纳入标准时，需要考虑几个关键问题：首先是纳入标准的类型，它既可以是排放量，也可以是其他参数（如能耗水平、装机容量等）。其次是标准数值，即多大排放量以上的排放源才需要被纳入其中。最后是需要考虑的标准和对象，主要集中在排放设施和排放企业，例如欧盟碳市场以整个排放设施为单位，而我国则以企业为单位。

在确定碳市场将纳入哪些行业时，首要考虑该市场中是否存在温室气体排放，并遵循"抓大放小"的基本原则，即纳入高污染、高排放和高耗能的企业。这一做法既能够取得较高的减排成效，又有助于缓解主管部门的管理压力。通常情况下，参与主体越多，碳交易体系的减排成本潜力就越大，减排成本的差异性也就越明显。因此，对于碳交易体系而言，整体减排成本也会越低。

然而，随着碳市场范围的扩大，对数据的监测和核查工作的要求也相应增加，政府的管理成本将进一步上升，监管难度也会显著提升。因此，在确定覆盖范围和对象时，需要综合考虑监测成本、交易成本以及参与方数量等多重因素。

4.1.3 全国碳市场总量设定

对于我国而言，根据 2022 年 3 月发布的《关于做好 2022 年企业温室气体排放报告管理相关重点工作的通知》，全国碳排放权交易市场将涵盖石化、化工、建材、钢铁、有色、造纸、电力和航空八大重点排放行业。

纳入的门槛是年度温室气体排放量达到 2.6 万吨二氧化碳当量。在初期，纳入的气体仅包括二氧化碳，其中既包括直接排放，即化石燃料燃烧和工业生产过程中产生的排放，也包括间接排放，即外购电力和热力产生的排放。鉴于我国电价尚未完全放开，包括减排成本在内的发电成本无法通过电价向下游传导。因此，通过纳入间接排放，工业用户需要支付相应的减排成本，从而减少企业用电量，实现电力消费侧的减排。

全国碳市场总量设定目前采用"自上而下"和"自下而上"相结合的方式（如图 4-2 所示）。在"自上而下"方面，各省市根据国家统一制定的配额分配

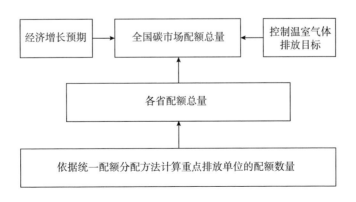

图 4-2 全国碳市场总量设定方法

方案，核算辖区内各企业的配额，并统一汇总后报送国家主管部门。而在"自下而上"方面，我国根据经济增长预期和相应的温室气体排放控制目标，制定了配额分配方案并将其下放给企业。

目前确定的总量实际上是相对总量，由于我国经济发展仍处于上升阶段，因此尚无法准确预测配额的绝对总量。然而，我们正在逐步朝着设定绝对总量的方向不断发展和建设。这一综合性的总量设定方式旨在充分考虑国家层面和企业层面的因素，确保碳市场系统的有效性和灵活性。

4.2　配额分配的原理和方法

4.2.1　配额分配的原理

配额分配制度是指确定企业的碳排放配额的过程，这是实施碳交易的首要步骤，也是基础中的基础。一旦企业确立了准确的碳排放数据，接下来就是进行配额分配。简单来说，如果一个企业排放了100吨碳，那么为了降低其碳排放，通常情况下会分配比100吨更少的排放配额，以促使其采取技术或其他措施来减少排放。

具体而言，配额分配包括免费分配和有偿分配两种方式。在免费分配中，可采用历史法和基准线法，其中历史法可进一步划分为历史总量法和历史强度法。而有偿分配则可选择拍卖和固定价格出售两种方式（如图4-3所示）。

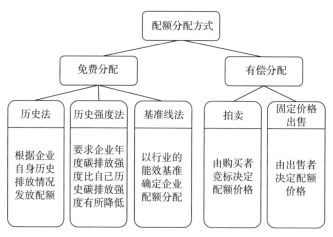

图4-3　配额分配的原理

历史法，又称祖父法，主要分为历史总量法和历史强度法两种形式。历史总量法基于企业自身的历史排放情况进行配额分配，而历史强度法则要求企业在新的配额期内降低碳排放强度，确保年度排放强度相较于过去有所减少。

历史法的优势在于其具有相对简单的执行流程，其分配依据包括投入数据、产出数据以及排放数据。这些数据可以来源于某一历史年度的数据，也可以基于一系列历史年度的数据。需要特别注意的是，历史法仅适用于已存在的企业和设施。对于新建设施，如新建钢铁厂等，由于缺乏相关历史数据，只能采用基准线法进行核算。

历史法的缺点在于，通常情况下，那些在前期未进行节能减排工作的企业可能获得较多的配额，而那些在节能减排方面取得显著成绩的企业则可能分得较少的配额，从而形成一定程度的不公平。此外，即便企业在节能减排方面取得了显著的成绩，只要其产量增加，就可能导致碳排放量的增加，从而需要额外花费购买配额。与此同时，一些企业可能因为当年减产等客观原因而免费获得配额，这也可能导致一些不平等的现象。

以企业前三年的排放总量为100万吨为例，今年计划增产，排放总量为130万吨。根据历史总量法，分配的碳排放配额将出现约30万吨的缺口。因此，这种方法被批评为不公平，被称为"鞭打快牛"，不符合激励技术先进企业、促使技术落后企业加快节能改造的碳交易初衷。

基准线法，又被称为标杆法，是以行业的能效基准确定企业的配额分配。简言之，对于行业内的所有企业，设定一条标准线，先进、高效企业的生产水平越高，该标准线就越高，相应地，它们获得的配额也更多。确定这条基准线是主管部门和各支持单位研究的关键和难点。通常情况下，选择采用行业的平均水平，即按排放强度从高到低对全行业企业进行排序，然后将企业数据的平均值作为标杆值。

这样的操作难度主要取决于标杆的比例和前百分比的范围。为了确定排放标杆，必须获取全行业的排放和产出数据。数据的详细性和真实性越高，就越有助于更科学地确定标杆的数量。通常情况下，由于各行业都需要设计不同的标杆，导致基准线法在数据统计方面面临相当大的挑战。

有偿分配涵盖了拍卖和固定价格出售两种方式。拍卖作为一种简便、易行且有效的方式，由出价最高者购得配额，但可能导致整个企业的碳减排成本过高，尤其在实施碳交易政策的地区，强行推广拍卖方式可能面临较大的政治压力。因此，在碳市场运行初期，一般不会直接采用拍卖方式，而是通过从配额的免费分配逐步过渡到有偿分配。图4-4展示了采用拍卖方式进行配额分配的情景。

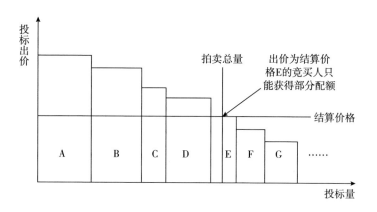

图4-4 拍卖方式配额分配示意图

颇具特色的是，广东碳市场采用了免费分配与有偿分配相结合的独特方式。在这一制度下，企业首先需通过拍卖方式购得3%的配额，而政府随后会发放剩余97%的配额。而在其他碳市场，通常采用的则是免费分配的方式。

4.2.2 全国碳市场配额分配思路

全国碳市场的配额分配思路可概括为"1+2+2+N"模式。"1"代表每个法人单位都拥有一个总配额，即便该法人单位名下有多个生产设施，也只使用一个总配额；第一个"2"表示两大类二氧化碳排放源（直接和间接）；第二个"2"表示两种不同的配额分配方法（基准线法和历史强度法）；而"N"则表示根据"八大行业"各自的排放特点和发展规划，制定相应的配额总量设定和分配实施方案。

2016年发布的《全国碳排放权配额总量设定与分配方案》明确规定了在纯发电、原油加工、乙烯、水泥、平板玻璃和电解铝等行业，配额分配应采用基准线法。而热电联产、电网、铜冶炼、钢铁、化工、纸浆制造、机制纸和纸板、航空旅客运输、航空货物运输、机场等行业，则应根据历史强度下降法进行配额分配。可以注意到，采用基准线法进行配额分配的行业产品相对单一，其生产工艺流程相对简单，同时数据统计也较为完整、科学和全面。

基准线法的计算公式为：企业配额量=行业基准×当年产量。

历史强度下降法的计算公式为：企业配额量=历史强度值×减排系数×当年产量。

行业基准和减排系数由国家碳交易主管部门统一确定并发布。在制定这些标准时，会综合考虑以下几个方面的因素：一是全行业企业排放数据的分布特征；二是交易体系中碳强度下降的要求；三是行业转型升级（如去产能、去库存）的要求。

4.3 典型行业的配额分配方法

4.3.1 电力行业

电力行业是我国碳市场配额分配的突破口。2021 年 7 月，电力行业被纳入全国碳市场，所有电力企业都需要进行线上履约交易。这一决策背后的原因在于我国电力生产主要依赖煤电，导致二氧化碳排放总体较高。此外，电力行业产品单一，能源消耗与发电量核算成本相对较低，而集团化管理的特点意味着其内部具备良好的历史数据基础。

在《2019—2020 年全国碳排放权交易配额总量设定与分配实施方案（发电行业）》的基础上，生态环境部于 2022 年 11 月颁布了《2021、2022 年度全国碳排放权交易配额总量设定与分配实施方案（征求意见稿）》。对比第一履约期（2019~2020 年）和第二履约期（2021~2022 年）的实施方案，机组划分进一步细化为燃气机组和燃煤机组。对于燃煤机组，划分考虑了燃煤种类，如常规燃煤或非常规燃煤，并根据相应功率进行分类，共分为四个机组类别，如表 4-1 所示。

表 4-1　纳入配额管理的机组判定标准

机组分类	判定标准
300MW 等级以上常规燃煤机组	以烟煤、褐煤、无烟煤等常规电煤为主体燃料且额定功率不低于 400MW 的发电机组
300MW 等级及以下常规燃煤机组	以烟煤、褐煤、无烟煤等常规电煤为主体燃料且额定功率低于 400MW 的发电机组
燃煤矸石、煤泥、水煤浆等非常规燃煤机组（含燃煤循环流化床机组）	以煤矸石、煤泥、水煤浆等非常规电煤为主体燃料（完整履约年度内，非常规燃料热量年均占比应超过 50%）的发电机组（含燃煤循环流化床机组）
燃气机组	以天然气为主体燃料（完整履约年度内，其他掺烧燃料热量年均占比不超过 10%）的发电机组

电力行业采用基准线法进行碳配额分配，即每个机组类型对应一个基准值。具体范围包括纯凝发电机组、热电联产机组以及自备电厂，但不包括那些不具备发电能力的纯供热设施。

实施方案明确了目前不纳入碳配额分配的机组类型，主要包括生物质发电机组、掺烧发电机组、特殊燃料发电机组、使用自产资源发电机组以及其他特殊发电机组。

覆盖范围主要包括机组产生的二氧化碳排放，具体包括化石燃料燃烧排放（直接排放）和购入使用电力的排放（间接排放）。

在进行碳配额的分配时，采用基准线法，同时考虑了冷却方式、热电机组供热比、常规燃煤纯凝机组负荷率等因素进行适度调整。

配额计算公式：

燃煤机组：

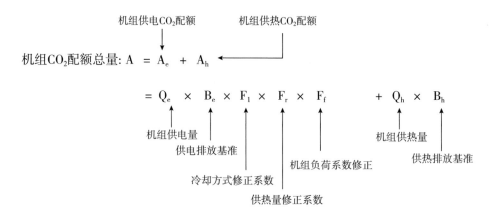

燃气机组：

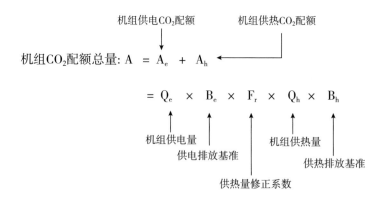

对比这两个公式，我们发现它们的整体思路是相似的，只是在参数的选择和设置上存在一些差异。总体而言，这两个公式的核心思想都是将机组的供电配额和供热配额相加，从而得到单个机组所需的总配额。然后，将企业名下所有设备的配额进行累加，即可得到该企业的总碳配额。差异之处在于对修正系数的选择上存在一些差异。

第二履约期颁布的《2021、2022年度全国碳排放权交易配额总量设定与分配实施方案（征求意见稿）》（以下简称《征求意见稿》）与第一履约期已经制定的《2019—2020年全国碳排放权交易配额总量设定与分配实施方案（发电行业）》存在一些区别。尽管整体分配方案延续了第一个履约周期的框架，但在配额调整和制度方面存在六个不同之处：

第一，各类机组的基准值经过下调，即标杆值下降。燃煤机组和燃气机组的基准值均有一定程度的减少。这种下调直接影响机组配额分配的减少。此举考虑了国家对总量的控制和企业减排行为，主要原因包括控排企业的燃煤实测比例提高以及排放量和履约量整体下降所引起的调整。

此外，在《征求意见稿》中首次引入了盈缺平衡值的概念，即各类机组在配额盈缺完全平衡时对应的基准值。该概念主要作为主管部门制定每年供电和供热基准值的关键依据。引入盈缺平衡值后，无须通过每年的基本值来确定配额的发放幅度，而可以直接通过比较平衡值和基准值的差异，计算企业在当年可能实现的配额盈余或亏损量。

第二，负荷（出力）系数的适用范围得以扩大。在《征求意见稿》中，对于常规燃煤热电联产机组的修正系数进行了增加，以确保其与常规燃煤纯凝发电机组的修正系数保持一致。在第一个履约期内，只有常规燃煤纯凝发电机组需要通过修正系数进行计算，而热电联产机组的负荷率修正系数默认为1。然而，在《征求意见稿》中，常规燃煤热电联产机组的负荷（出力）系数需要根据特定的公式进行计算，具体公式如表4-2所示。

表4-2　负荷（出力）系数修正系数

统计期机组负荷（出力）系数	修正系数
F≥85%	1.0
80%≤F<85%	$1+0.0014\times(85-100F)$
75%≤F<80%	$1.007+0.0016\times(80-100F)$
F<75%	$1.015^{(16-20F)}$

注：F为机组负荷（出力）系数，单位为%

第三，涉及履约压力减缓政策。在第一履约期的配额分配方案中，对于履约缺口较大的燃煤机组（缺口超过 20%）以及存在缺口的燃气机组，实行了履约缺口减免政策。然而，在第二履约期的《征求意见稿》中，对于这类政策并未提供明确方案，但表明预计将对存在履约压力的企业，在必要时通过配额核定环节实施柔性管理，相关规定将另行发布。

第四，涉及预分配基准年度的调整。在第一履约期的配额分配方案中，配额的预分配是基于去年和今年的供应量、供电量以及相应的实际运行数据进行的。然而，在《征求意见稿》中，对于第二履约期的预分配基准年进行了明确规定，设定为 2021～2021 年，按照相应基准年供电量的 70% 进行配额的分配和发放。

第五，涉及预分配、调整以及核定程序的优化。在《征求意见稿》中，提出了在管理平台和注册登记系统之间设置交叉核对的依据，以进一步规范配额预分配、调整以及核定的实际工作流程。

第六，配额转接的规定尚未明确说明，且履约压力减缓政策也是待定的。其他部分也经过一些调整，目前仍处于《征求意见稿》阶段。总体来说，两版方案内容相差无几，对已有的地方进行了一些微调，未来可能还会有进一步的调整。

4.3.2 水泥行业

目前，仅有电力行业在国家层级设有配额分配实施方案。以下是 2017 年四川水泥行业分配试算工作中采用的公式及相应说明。

$$A = (B \times Q) \times \sum_{i=1}^{N} (1 + K_i \times F_i \times P)$$

A 表示企业二氧化碳配额总量，单位：tCO_2；

B 表示熟料生产工段二氧化碳排放基准，单位：tCO_2/t 熟料；

Q 表示熟料产量，单位：t；

K_i 表示工段确定系数，存在该工段取值为 1，不存在取值为 0：无量纲。

工段包括熟料生产以及水泥粉磨（待定），协同处置废弃物（年处理量大于 x 吨）。

F_i 表示工段调整系数，单位：无量纲，依据行业平均水平设定；

P 表示工段的熟料使用比，单位:%，协同处置废弃物的取值为 100%；

N 表示生产工段总数。

其覆盖范围为分工段，主要包括以水泥熟料生产为主营业务的水泥企业，涉及熟料生产工段、水泥粉磨工段（待定）以及协同处置废弃物所导致的化石燃料燃烧、碳酸盐分解，以及电力和热力消费所产生的碳排放。

上面展示的公式是将每个工段的基准值乘以相应工段的熟料产量，再乘以相应的调整系数；随后将每个工段的配额量相加，以确定整个水泥企业的配额分配方法。目前，仍采用基准线法进行配额分配。

4.3.3 电解铝行业

电解铝行业，是通过电解过程生产铝的行业。在该过程中，所有工序消耗的均为交流电，无直接排放，也不消耗燃料，仅存在间接排放。该行业采用的计算方法仍然是基准线法，通过总结电解各个工序的排放基准，将其加总得到企业整体的配额量。

测算公式如下所示：

$$A = \sum_{i=1}^{N} (B_i \times Q_i)$$

A 表示企业二氧化碳配额总量，单位：tCO_2；

B_i 表示电解工序交流电耗二氧化碳排放基准，单位：tCO_2/t 铝液；

Q_i 表示铝液产量，单位：t；

N 表示电解工序总数。

实际上，水泥行业和电解铝行业已在国家层面进行了配额试算，可能成为在发电行业之后进行实际配额分配和相应履约的行业。其他行业仍需要进一步研究并制定相应的配额分配方法。

4.4 配额分配工作流程

正如本章一开始所述，配额分配的工作流程采用了"自上而下"与"自下而上"相结合的方式。在"自上而下"方面，国家制定了配额分配方法，将省级配额下发到各个省份，而省级则按照相应的指导方法将配额分配给各企业。"自下而上"方面，企业可以根据分配实施方案，将各自的配额进行汇总上报至地方，地方再将这些数据上报给国家，从而形成国家层面的配额总量。

具体的配额分配工作流程可分为四个主要步骤，具体的发放、调整和清缴时间以国家发布的工作通知为准。整个流程主要包含以下四个阶段：第一是预分配阶段，该阶段旨在提前给予企业70%的配额量，以避免企业在履约期结束前集中履约交易，同时也有助于提升市场活跃度。预分配工作通常于本年中后段开始。第二阶段从转年3月份一直进行到年底，主要涉及电力行业的报告和核查工作。

非电力行业的控排企业则需要在本年底前完成相关报告和核查工作。第三阶段，国家根据报告及核查结果进行上一年度的配额调整。第四阶段涉及清缴（履约）工作，企业需要按照配额要求履行相应的责任。整个流程的具体细节和时间安排将依据国家发布的工作通知执行。

如果按照一年的时间节点进行履约（目前全国碳市场是两年一次履约），碳市场运作的时间线逻辑如下：每年的 7~9 月，政府根据总量控制和目标控制原则确定控制排放的企业，可能会有新企业加入，也可能有企业退出。对于新纳入的企业，政府会根据其以往的碳排放情况，按照配额分配原则，在 7~9 月或稍后的时间分配配额。一旦配额发放，企业基本上就能预测整个年度的配额缺口。基于这一预测，企业需要开始考虑交易策略。如果配额缺口较大，企业可能需要考虑进行减排或提前购买 CCER 或配额。因此，交易的启动时间可能会根据企业的具体情况和市场条件而有所不同，但通常在配额明确后会尽快开始，以确保有足够的时间来完成减排目标。接着，到了第二年的 3~4 月，企业就要开始核算上一年的碳排放情况，因为在被纳入控制排放企业后，企业需要在第二年履行履约义务，提交与其碳排放量相当的碳排放权。通过交易，企业可能已经达到了履约所需的碳排放权。随后每年的 5~6 月，企业可能需要向政府提交相应的碳排放权以进行注销，从而完成上一年的碳排放履约。最后可能会再次进行一个循环，如果企业仍然属于控排企业，则需要进行这样的循环，否则可能会退出。

对于试点地区，大多数仍然遵循时间节点。通常情况下，企业需要在 3~4 月提交碳排放报告。这一过程涉及企业提交排放报告以及相关核查机构提交核查报告，确保碳排放数据的准确性。履约在试点地区基本上是在 6 月左右进行的，有时可能会稍早一些，但对于全国碳市场来说，履约日期是在每年的 12 月 31 日。截至目前，全国碳市场只进行过两次履约，第一次是在 2021 年的 12 月 31 日，第二次履约是在 2023 年 12 月 31 日进行。

这些时间节点对于参与碳交易有着重要意义。首先，一旦提交了核查报告，企业基本上就能了解自己的碳排放情况，这对提供相关服务或交易合作非常有帮助。其次是履约时间节点，这是更为重要的。特别是对于二级市场从事碳交易的人来说，碳市场是一个现货市场，只有在真正需要碳时才会出现大量买卖。在全国碳市场中，交易量通常在临近履约时突然增加，价格也会随之上涨。因此，如果是从事碳交易的人，最好是在履约前一个月或两个月入手，然后在临近履约的最后一两天将手中的碳资产出清。在履约后，可能会有一段时间的交易平淡期，此时价格可能会相对较低。因此，这些时间节点是我们参与碳市场交易的关键时刻，值得密切关注。

5 碳市场抵消机制原理与 CCER 项目开发交易实践

本章详细介绍了碳市场抵消机制的核心概念及其在实际应用中的原理，以及 CCER 的管理、备案、开发与交易流程，同时对 CCER 市场的未来进行了深入展望。全章主要分为四个部分，分别深入阐述碳市场抵消机制的基本原理和概念、CCER 的管理规定和备案流程、CCER 项目的开发流程与交易实践，以及对 CCER 市场未来发展的前瞻性分析。

首先，本章介绍了碳市场交易体系的基本框架，深入解析抵消机制的内涵和其在国内外的两种主要形式，即 CDM 和 CCER。这些内容为读者理解后续内容打下基础。

其次，本章详细解读 CCER 的管理规定，涵盖了交易主体、双备案流程、方法学和交易平台等方面的细则。通过对 CCER 备案流程的深入探讨，让读者全面了解 CCER 的运作机制，为其参与碳市场交易提供实际操作指导。

本章的第三部分着重介绍了 CCER 项目的开发周期、可开发项目类型以及签发后的流程。通过深入挖掘 CCER 项目的实际开发和交易情况，读者将对 CCER 的应用实践有更加清晰的认识，能够更好地把握碳市场的具体运作。

最后，本章对 CCER 市场的未来进行了展望，探讨了未来 CCER 发展的方向和可能采取的措施。这一部分为读者提供了对碳市场未来走向的前瞻性洞察，使其更好地准备和适应碳市场的动态变化。

5.1 抵消机制原理与基本概念

5.1.1 抵消机制的基本概念和原理

碳市场在五大结构要素的基础上，引入抵消机制作为一项重要的补充机制。

这一安排旨在实现两个关键目标：一方面，为政府提供更多灵活的碳市场调控手段，从而加强政府对市场的管理和引导；另一方面，为履约企业创造更低成本的交易选择，使其在碳市场中能够更灵活地履行碳排放权的义务。

抵消机制的引入为碳市场的稳健运作提供了额外层面的支持。首先，政府在碳市场中通过抵消机制具备更大的调控灵活性，能够更精准地应对市场波动和变化，促使市场健康有序发展。其次，履约企业通过抵消机制获得了更为多样化的履约交易产品选择，相较于传统的配额交易方式，抵消机制能够更好地满足企业的需求和战略布局。

此外，抵消机制的实施也为那些未被纳入碳市场但能够创造显著减排效益的企业，如节能减排、清洁能源和碳汇企业等，提供了参与碳市场的宝贵机会。这一安排不仅能够激励这些企业积极参与碳减排行动，还为其提供了获得额外收益的途径，有效促进了这些项目的可持续发展。

综合而言，碳市场中引入抵消机制不仅有助于强化政府的市场调控手段，还为履约企业提供了更多的选择和灵活性，同时为更广泛的企业提供了参与碳市场的机会，共同推动了碳市场的健康发展。

图5-1是碳市场的结构框架。抵消机制作为碳市场的调控机制之一，主要面向减排项目。其原理是通过对减排量指标的抵消，即利用减排量指标来抵销企业需要履行的配额，一吨减排量（如一吨CCER）可以用于抵扣一吨配额。需要注意的是，并非所有的履约配额都能够通过抵消机制来抵销，通常不超过10%（湖北、深圳），全国碳市场不超过5%，一些试点地区甚至只有2%~3%的比例（如上海），否则将违背该机制设计的初衷。

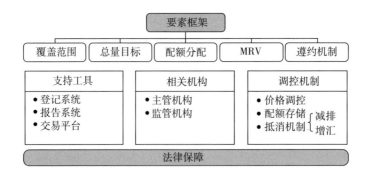

图5-1　碳交易市场体系框架

从官方概念角度来看，抵消机制是指在实施碳排放总量控制交易（Cap-

and-Trade）的国家和地区，主管机构允许排放主体在履行配额缴纳义务时，通过使用一定数量的减排信用来抵消相应比例的排放（如图 5-2 所示）。

图 5-2　抵消机制示意图

5.1.2　抵消机制是一种双赢合作

抵消机制对政府而言是一种调控手段，对购买方而言，其重要性在于通过购买减排信用来降低履约成本。而对于出售方（那些原本未能参与碳市场的节能减排和清洁能源企业）来说，抵消机制则为其提供了出售减排信用的机会，从而能实现额外收益，实现双方的共赢。

抵消机制的减排量主要来源于各类减排项目。从理论上来说，只要存在新的减排项目，并有新的投资兴建，就能不断产生新的减排信用指标，确保了供给的持续性。鉴于未来碳配额长期的稀缺性，碳市场中配额的价格通常远高于抵消机制的减排信用指标的价格。例如，欧盟抵消机制的信用指标价格仅相当于配额价格的 20%（仅为几十元钱，甚至早期为几元钱）。在中国，CCER 正常备案签发时，由于存在众多项目，减排信用指标供给量巨大，导致其价格相对较低（仅为几元，甚至几角），而目前备案暂停导致新的供给中断，使价格逐渐受到炒作。

5.1.3　国内外抵消机制

在抵消机制设计初期，涌现出了多种国内外机制体系，包括《京都议定书》、清洁发展机制（CDM）、联合履约机制（JI）等。此外，还有一些由民间行业组织和机构自发成立的机制，如黄金标准（GS）、中国核证自愿减排交易（CCER）以及其他标准（VCS、CCB、GCC、VCMI、TSVCM 等）。

全球减排标准由国际排放贸易协会发起，各自得到不同官方、协会或机构的认可，构成自愿自发的减排体系。这些标准在不同体系内得到了企业或官方的认可，广泛应用于各种碳市场机制中，种类繁多。

中国自愿减排体系几乎完全参照国际清洁发展机制（CDM）进行设计，包括整个申报流程、管理流程、项目开发类型和方法学应用等，都延续了清洁发展机制的经验。

5.1.4 清洁发展机制（CDM）

清洁发展机制是《京都议定书》引入的灵活履约机制之一，是联合国设立的跨国交易强制机制。该机制的设立旨在解决发达国家履行减排义务的问题。

如图 5-3 所示，发达国家若选择自主减排，根据《京都议定书》的规定，每年都需履行相应的百分比减排义务，这增加了减排的难度。实际上，大多数发达国家在 20 世纪 90 年代已经达到了碳排放的峰值，实施减排仍然是一项艰巨的任务，但它们在技术和清洁能源结构方面已经取得了显著进展。

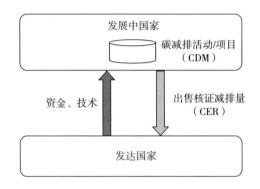

图 5-3 发展中国家可以通过 CDM 机制出售 CER

资料来源：中国碳排放交易网、招商证券。

然而，发展中国家的情况截然相反。这些国家采取了触发型发展，过去一直存在大量的清洁能源技术需求和投资需求，因此设立 CDM 机制有助于解决双方面临的问题。其基本原理是，发达国家通过出资购买发展中国家投资建设的清洁能源项目和碳汇项目，以履行减排义务。而发展中国家则通过出售这些减排信用指标，获取额外的资金和技术支持，从而加速自身能源产业结构的转型升级。

在 20 年前，清洁发展机制刚刚启动的时候，正是中国可再生能源领域（风能、光能、水电项目）蓬勃发展的阶段，中国因此获得了相当多的资金和技术支持，获益颇丰。

5.1.5　全球 CDM 项目注册及签发概况

发展中国家如中国、印度、巴西在清洁发展机制项目方面是主要的贡献国。中国在碳减排项目上的参与尤为显著，在联合国注册的近 8000 个清洁发展机制项目中，有超过半数的项目是由中国推动的。从减排量的角度来看，中国的规模远高于其他国家，这反映了国际购买方和投资机构对中国的投资意愿。

中国之所以能吸引大量的投资，一方面是因为其广阔的地域为清洁能源投资提供了广阔的市场空间；另一方面，中国的政治体制和完善的配套设施措施确保了投资项目能够顺利运行并产生减排效果。与此同时，东南亚、印度等地区在承接大规模制造板块方面的能力相对较弱，而中国在多个行业领域一直保持着明显的竞争优势。

5.1.6　CDM 市场的发展与变革

在 2012 年之前，《京都议定书》第一承诺期发展得非常好，大量减排机制的信用指标都是通过这个机制产生的，之后出售到欧美等发达国家的碳市场中。

在 2012 年之后，进入《京都议定书》第二承诺期，但由于多种原因并没有谈妥，各国纷纷发布禁令。尤其是欧盟碳市场，明确表示不再采购来自中国、印度、巴西等发展中大国的 CDM 产生减排量，这直接导致了 CDM 市场在 2013 年后陷入低谷，最后暂停。欧美发达国家认为 CDM 机制让发展中国家受益太多，而没有真正把有限的资金注入那些不发达国家。

基于这种原因，中国在 2011～2012 年开始建立自己的碳市场，由于自身拥有比较大的体量，所以基本上自行运营并无问题。尽管如此，CDM 国际抵消机制市场仍为中国带来了巨大好处，也促成了我国自愿减排市场或抵消机制市场的最终建立。

联合国清洁发展机制官方网站拥有一整套完备的登记注册和签发体系，尽管这个机制可能会暂停，《巴黎协定》后会有新的市场机制来进行替代，但这一整套体系仍然值得研究和借鉴。我国的抵消机制市场也是参照国际市场建立的。

抵消机制的成功与否受到三个重要因素的影响：首先，减排信用必须可用于履约。中国的抵消机制与其他国家类似，得到了官方法律的明文规定，企业可以将减排信用用于履行履约义务。国际上也有联合国官方文件的支持，允许各国碳市场的企业使用减排信用进行履约。其次，减排信用的使用必须遵循碳市场的相关规则，不同国家的碳市场都制定了相应的规定，如可以抵扣的百分比等。最后，减排信用与配额之间必须存在一定的价格差异。目前中国碳市场面临一个问题，即配额与减排信用（CCER）的价格出现倒挂，CCER的价格竟然高于配额价格，这是不正常的现象。对企业而言，这就失去了购买减排信用指标的激励。

5.1.7 中国碳市场抵消机制（CCER）

我国的碳抵消机制或减排信用体系，全称为中国核证自愿减排量。在确定英文名字时，采用了联合国机制下的减排信用指标核证减排量（CER），我国在CER前面再加了一个C（China），形成了CCER（China Certified Emission Reduction）。然而，在国内设计阶段，我们面临着如何在《温室气体自愿减排交易管理暂行办法》（2012）的框架下推动这一机制的问题。因为当时中国还没有建立起自己的全国碳市场体系和相应的管理办法，行政许可方面缺乏上位法的支持。后来，为了更好地体现鼓励企业自发开展交易的理念，我们将其更名为中国核证自愿减排量。在申报过程中，采用了国家鼓励企业自发进行交易的方式来办理行政许可。

中国碳市场的设计原理参照了国际清洁发展机制。在没有抵消机制的情况下，一般而言，排放超标的企业会通过市场购买那些有富余配额的企业的减排产品，以弥补自身配额的不足（具体流程见图5-4）。

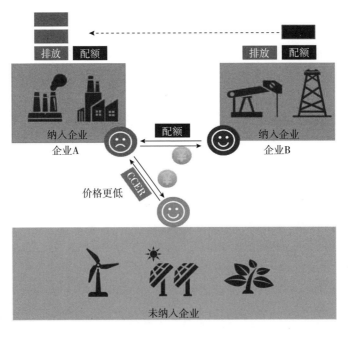

图5-4 中国碳市场抵消机制基本原理

两类核心企业涵盖了纳入企业 A 和 B，以及非纳入企业 C。在这个碳市场中，存在两个主要的交易品种，分别是配额交易（企业 A 与 B 之间的交易）和 CCER 交易（企业 A 与 C 之间的交易）。这种交易的意义在于可以有效降低纳入企业 A 的履约成本，同时也鼓励未纳入企业 C 通过实施减排项目并出售 CCER 获利。

假如市场允许引入抵消机制，对于操盘企业而言，它们更有可能选择组合购买价格更低的 CCER 抵消机制信用指标，从而满足整个履约需求。这种组合交易使得三方均能受益。

事实上，CCER 只是全国碳市场的一个补充部分，不是碳市场的主体。CCER 可用于企业的碳中和，或者用于一些非控排的企业自愿减排，因此相较于配额，CCER 的应用场景更广泛。一般来说，自愿减排的企业很少通过购买配额来进行碳减排或碳中和，通常会购买 CCER 或其他相应的碳信用。

配额和 CCER 在碳市场的贡献上有所不同。首先，配额是政府直接向控排企业发放的排放许可，而 CCER 是可实现减排的项目产生的碳减排量。这些项目不一定由控排企业实施，也可能由其他个人或非控排企业实施。其次，获得方式不同，配额可以直接从政府获得或通过市场购买，而 CCER 需要开发碳减排项目，如新能源发电、沼气回收等。最后，用途不同，配额只能用于控排企业的履约，而 CCER 除了用于控排企业的履约外，还可以用于个人注销、公益机构以及自愿减排的企业的碳减排。在市场价值方面，配额在碳市场中没有使用限制，即企业可以 100% 购买配额以实现履约；而 CCER 通常有一定的履约比例限制，因此通常情况下，其市场价格较配额低，尤其在 CCER 供不应求的情况下。

5.2 CCER 管理规定与备案流程

5.2.1 CCER 交易管理规定

《温室气体自愿减排交易管理暂行办法》（以下简称《CCER 管理办法》）设立了以项目为基准的 CCER 抵消机制，因此申报和备案过程显得尤为重要。

目前介绍的 CCER 管理规定及相关流程均基于 2012 年 6 月发布的第一版《温室气体自愿减排交易管理暂行办法》，并按照规定要求进行说明。该办法在后续进行了多次修订。

《CCER 管理办法》第六条明确规定：国家对温室气体自愿减排交易实行备案管理制度。参与自愿减排交易的项目需在国家主管部门备案并登记项目产生的减排量。在国家主管部门备案并登记的减排量可在备案的交易所内进行交易。在中国境内注册的企业法人有资格申请自愿减排项目，以及备案其减排量。

5.2.2　CCER 项目开发涉及的相关方

CCER 项目开发涉及五大类相关方，包括项目业主、咨询机构、第三方审核机构、省级主管机构、国家主管机构。

第一，项目业主是主要参与方，作为减排量持有方和项目运行实施方，项目业主是 CCER 项目开发的核心。所有申报、开发和交易流程都紧紧围绕项目业主展开。

第二，咨询机构在 CCER 项目开发中扮演着关键角色。鉴于国内减排项目涉及近 200 种开发方法，每一类项目都需要依据不同类型的开发方法和计算方法。没有专业咨询机构的协助，项目业主可能无法掌握相应方法，导致整个项目难以成功开发。此外，即便选定了合适的方法，咨询机构也需要编制一系列设计文件、监测报告、审核报告等，对项目开发至关重要。

第三，第三方审核机构是另一关键参与方，类似于碳市场 MRV 中的第三方核查机构。它们由政府委托，负责认定企业项目的合格性，核实 CCER 项目减排量的计算是否符合方法学要求。政府只接受第三方审核机构出具的审核报告，项目业主和咨询机构无法自行提交。目前，国家备案的 CCER 第三方审核机构仅有 12 家。

第四，省级主管机构承担着项目初审的责任。这包括核查项目是否合法合规、是否经过地方发改主管部门审批、是否已立项以及是否具备开工资质等。省级主管机构在初审完毕后，将相关材料提交给国家，由国家组织专家进行最终审批。

第五，国家主管机构是最高决策机构，负责制定实施细则、批准方法、委托第三方审核机构、批准项目及减排量备案。其重要性体现在整个 CCER 项目开发的决策和指导层面。

5.2.3　CCER 项目和减排量"双备案"流程

CCER 项目是否能立即产生减排量实际上需要按照国家规定进行"双备案"流程，即项目备案和减排量备案（详细流程见图 5-5）。

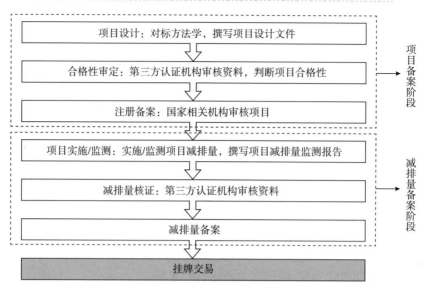

图 5-5　CCER 开发流程

首先，项目必须符合国家规定的合格 CCER 项目标准，并在国家主管部门进行备案和公示。项目备案完成后，若项目已投产并成功运行一至两年，产生大量减排量，就需要提交监测报告和监测计划。同时，还需提供相应的电力台账，如风电和发电的详细数据信息。这些材料将在第三方机构审核后提交政府进行最终审批，以完成项目减排量的备案流程。减排量备案完成后，政府主管部门才会将备案数量的减排量指标签发到项目业主的持有账户，从而使业主能够在市场上自由进行 CCER 的交易和买卖。

5.2.4　CCER 方法学和第三方审定机构

整个 CCER 项目申报流程相当复杂，若没有专业咨询机构或团队协助业主完成，将变得极为困难。截至目前，主管部门已备案的方法学超过 200 个，从这些方法学中筛选出适合特定项目的，构成了一个巨大的技术门槛。

这些方法学并非完全由我国自主研发。自 2012 年我国主管部门决定自主开发中国资源减排市场以来，专家团队进行了本土化翻译，其中有超过 170 个方法学直接源自国外。

目前，我国有 12 家经过国家备案的 CCER 第三方审定机构。企业在开发 CCER 项目时，只能从这些机构中选择合适的，其中包括中国质量认证中心、广州赛宝认证中心服务有限公司、中环联合（北京）认证中心有限公司、环境保护部环境保护对外合作中心等。

5.2.5　CCER 交易与管理平台

完成"双备案"后，企业在交易选择方面面临多样的可能性。目前，在国家主管部门备案的有 9 家交易所，包括北京绿色交易所（以下简称北京绿交所）、上海环境能源交易所、天津排放权交易所、广州碳排放权交易中心、深圳排放权交易所、湖北碳排放权交易中心、重庆联合产权交易所、四川联合环境交易所、福建海峡股权交易所。企业可以选择就近的交易所开户并进行线下交易。

当前各交易所主要以各试点的碳市场线下交易为主，未来国家可能会指定一家交易所如北京绿交所作为全国整体的 CCER 交易和管理平台。目前，北京绿交所已完成了许多前期工作，包括系统升级换代开发，相关硬件方面的配套建设也已基本完成。

5.2.6　CCER 抵消碳市场配额与清缴规定

尽管目前新的 CCER 项目无法进行备案和签发，但在 2012~2017 年，已签发数千万吨的 CCER 现货，在各地试点碳市场以及全国碳市场中发挥了重要作用，许多控排企业购买了这些 CCER。目前，在全国碳市场进行 CCER 的交易和抵消需要经过较为复杂的流程，因为它们归属于不同的登记注册系统，需要在各地交易所专门开立登记和交易账户。例如，企业需手动提交抵消申请表，表中包括购买的 CCER 数量等具体信息。主管部门会对企业进行审核确认，随后与国家气候战略中心进行数据校核，协助企业将相应比例的额度进行抵消。

全国碳市场的第一个履约期截止日期是 12 月 31 日，而政府规定如果企业想要使用 CCER 进行 5% 的抵扣，截止日期将是 12 月 15 日。因此，企业必须在提前半个月完成 CCER 的抵扣，以确保政府有足够时间进行数据校核，从而完成企业的抵消登记。相对而言，这一流程的效率较低。在新的 CCER 线下管理平台建成后，该平台将与配额登记注册系统进行对接，以进一步提高整个办理流程的效率。

5.3　CCER 开发流程与交易实践

5.3.1　CCER 项目开发周期

CCER 项目采用"双备案"流程（如图 5-5 所示），目前的开发周期相对较长，即使是最快速且高效的方法也需要接近一年半的时间。这主要取决于项目是否有适用的方法学。尽管我国已备案的方法学总数超过 200 种，但可能仍会涌现新的类型，这些方法学未能覆盖所有项目。对于新的方法学，需向主管部门申请开发，这将额外增加 3~4 个月的时间。

5.3.2 判断项目能否开发为 CCER

判断项目能否开发为 CCER 的依据主要包括以下几个方面，依据《温室气体自愿减排交易管理暂行办法》（以下简称《办法》）的规定：首先，申请必须由企业法人向在中国境内注册的中资企业的项目业主提交。其次，项目需满足特定的时间条件，即开工时间不能早于 2005 年 2 月 16 日，以符合《办法》的要求。考虑到未来可能的修订，较晚开工的项目可能具有更高的保险性。再次，项目类型应符合国家主管部门备案的四类方法学中的一种，以确保项目设计的合规性。最后，项目必须满足区域碳交易试点的准入门槛，这些门槛包括行业类型、开工时间、地域分布等，或者符合全国统一碳交易市场管理办法中的相关规定。

5.3.3 CCER 项目类型——可再生能源类

在项目行业领域方面，制定的大原则是只要项目具有减排效应且能够通过定量测算产生减排量，理论上都可以被开发成 CCER 项目。涵盖的领域包括清洁能源、废物处置、农林业和交通等，这些领域都有相应的方法学适用。

通过一个典型的例子来进行说明，可再生能源类项目（如风电、光伏发电、地热发电等）占据了已开发 CCER 项目的 70%~80%。许多业主更倾向于选择可再生能源类项目进行开发。根据方法学的规定，可再生能源发电类项目必须实现并网发电，因为其减排量与上网电量紧密相关。

5.3.4 CCER 项目类型——建筑节能减排类

工业节能项目有望成为全国碳市场的一部分，八大行业中涵盖了多种类型的工业，包括钢铁、冶金和化工等都属于控排行业。根据国家碳市场管理办法的明确规定，控排企业采取的节能减排措施不符合 CCER 项目的开发条件。因此，只能在目前暂未纳入碳市场的节能项目中寻找适用的类型，而建筑节能是一个较为合适的方向。

建筑节能减排的机理是通过在全生命周期内采取综合节能措施来减少建筑运

营过程中的能源消耗，进而降低相关的温室气体排放。以北京市朝阳门 SOHO 中心的某写字楼为例，该商区项目的建筑面积达到了 32 万平方米，通过设计和建造高性能外幕墙、变频制冷空调和通风系统、智能电梯控制等，每年减排量仅为 1 万吨。在这种情况下，必须面临一个选择的问题，规模较大的建筑更容易实施，而选择可再生能源类项目较为简单。然而，如果选择了高质量且有效的项目，其减排效益可能不如预期。

5.3.5 CCER 项目类型——农业减排类

另一类项目是甲烷减排类项目。以农村沼气利用为例，其最重要的特点是覆盖的农户范围较广，取得了良好的规模效益。减排机理是基于回收养殖废弃物制取沼气，替代农户传统生活燃料以减少温室气体排放。由于甲烷的温室效应是二氧化碳的 25 倍，因此如果甲烷减排工作进展顺利，该项目甚至可转变为发电类项目，既能减少甲烷燃烧排放，又可供热和供电。在这种双重减排效果下，减排量相对容易提升。

以广西百色农村户用沼气项目为例，该项目覆盖了三个县，共计 11565 户农户。通过分批次建设农村户用沼气池和改良厨灶，年二氧化碳减排量达到 39563 吨。

5.3.6 CCER 减排量签发后流程

项目开发完成后，政府主管部门将颁发 CCER 并存入项目业主的账户。业主有两种选择：一是在 9 个官方备案交易所挂牌交易；二是通过相应咨询机构寻找合适的买家。

举例来说，控排企业购买 CCER 后，会将其与相应的配额一同前往国家登记注册系统进行交割、抵扣和注销。无论是配额还是 CCER，企业获得后需履行义务，即上交相应的配额，政府随后会进行注销。一旦注销完成，相当于对上年的排放进行了相应的抵扣和配额使用。

5.3.7 CCER 交易方式——项目业主与咨询方

企业进行交易时，可以寻找咨询方、投资机构和中介机构。通常的商务合作模式可分为三大类：一是纯技术咨询，如业主寻求专业人士帮助开发技术，完成后自行负责买卖和销售，从开发到备案整个流程完成后只需支付一笔咨询费。

二是"咨询开发+CCER 代销售"。一些业主缺乏买卖销售渠道，他们希望咨询机构不仅开发项目，还能帮助代销售。通常中介机构会与业主达成一定的分成比例，比如 1 吨售价 5 元，会与业主商议相应比例的手续费或销售代理费。对于中介机构或咨询机构而言，也会更有动力帮助业主谈判出更好的价格。

三是现货交易服务。通常情况下，实力雄厚的业主（如大型央企、国企和能源集团）拥有自己的碳交易管理团队，希望在开发和销售过程中找到更优质的买家。例如，拥有百万吨 CCER 现货的企业可能通过公开招投标比较哪家机构能以更优惠的价格购买，或者在交易所挂牌销售。

5.3.8 CCER 交易类型——交易所规定

目前各大交易所都采用现货交易体系，暂无期货市场。国内交易所规定的 CCER 交易类型如表 5-1 所示。因此，企业在手持 CCER 现货后，可选择通过交易所公开挂牌交易，或者进行线下协议转让。对于大宗交易，尤其是超过 10 万吨的情况，交易所通常会建议双方进行线下沟通。这是因为现货交易的流动性较低，挂牌成功率不高，大宗交易可能在挂牌一个月内无人竞标或购买。因此，通过线下撮合，无论是通过中介方还是交易所，在与对手方达成一致价格后，再在交易所进行备案流程，将提高交易的成功率。

表 5-1　交易所规定的 CCER 交易类型

国家主管部门备案的交易所	交易方式
北京绿色交易所	公开交易、协议转让
天津排放权交易所	现货交易、协议交易、拍卖
上海环境能源交易所	挂牌交易、协议转让
重庆联合产权交易所	定价交易、协议转让
湖北碳排放权交易中心	协商议价、定价转让
广州碳排放权交易中心	单双向竞价、点选、协议转让
深圳排放权交易所	现货交易、电子竞价、大宗交易
四川联合环境交易所	定价点选、电子竞价、大宗交易
福建海峡股权交易所	挂牌点选、协议转让、定价转让

5.3.9 CCER 交易类型——优劣对比

线上线下交易各有利弊。线上交易无需直接的交易对手，采用挂牌竞价方式，价格公开透明，不存在暗箱操作，相对而言，业主更有底气。然而，线上交易劣势在于我国碳市场交易活跃度较低，在履约期之前交易非常有限，挂单可能需要较长时间才能成交。

因此，在涉及大宗交易时，建议采用线下协议转让。通常会有专业中介方协助撮合，包括中介机构、交易所等，加速业主与买家的匹配，以便业主更迅速地找到合适的交易对手。然而，线下交易或协议转让的价格并不对公众公开。对于企业而言，如果希望进行协议转让，但协议转让价格无法公开查询，只能通过双方协商和专业机构判断。由于无法参考线上价格，可能导致卖出价格未能达到理想水平。

5.4　CCER 市场未来发展与展望

5.4.1　CCER 在各个碳交易试点纳入门槛

虽然 CCER 作为一种交易产品表现良好，但在不同的碳市场体系中，CCER 存在着各种要求（如地域、时间等），这些要求可作为未来实际项目开发或投资的参考依据（见表5-2）。

表5-2　我国碳交易试点地区建设 CCER 交易市场的指标情况和相关限制条款

试点地区	指标类型	使用比例	地域限制	时间、类型限制
深圳	CCER	年度排放量的 10%	无	无
上海	CCER	年度排放量的 3%	无	2013 年 1 月 1 日后实际产生的减排量
北京	CCER、节能量、碳汇量、低碳出行	年度配额的 5%	京外 CCER 不得超过企业当年核发配额量的 2.5%，优先使用来自与本市签署合作协议地区的 CCER	CCER、节能项目减排量于 2013 年 1 月 1 日后实际产生；碳汇项目于 2005 年 2 月 16 日后开始实施；HFCs、PFCs、N_2O、SF_6 气体及水电项目除外
广东	CCER、PHCER	年度排放量的 10%	70% 以上来自广东省项目	CO_2、CH_4 占 50%；不含水电及化石能源发电和节能类项目；不接受 pre-CDM 项目
天津	CCER	年度排放量的 10%	优先使用京津冀地区自愿减排项目产生的减排量	2013 年 1 月 1 日以后实际产生；非二氧化碳减排项目和水电项目除外

试点地区	指标类型	使用比例	地域限制	时间、类型限制
湖北	CCER	年度配额的 10%	湖北省内及与本省签署了碳市场合作协议的省市，不高于 5 万吨	非大中型水电项目；未备案减排量按不高于项目有效计入期（2013 年 1 月 1 日至 2015 年 5 月 31 日）内减排量 60% 的比例用于抵消
重庆	CCER、CQCER	年度排放量的 8%	CCER（无限制）	2010 年 12 月 31 日后投入运行非水电（碳汇项目不受此限）；2014 年投运 2016 年产生减排量，首批包括可再生能源、建筑、交通、林业、农业减排、城市垃圾及污水处理
福建	CCER、FFCER	林业碳汇 10%；其他 5%	在本省产生的项目减排量	非水电；CO_2、CH_4 类减排项目

　　未来具备普适性的项目必然是高质量项目，既能够在全国碳市场通用，又能够在各地的碳交易试点中进行买卖。以北京市为例，本地 CCER 减排项目若受到重点关注（如碳汇项目），则被视为最具优质性质。

　　相反，不建议过多考虑水电项目。很多试点都会将其排除在外，无论是在目前的碳交易试点还是未来的大趋势下，水力发电项目都不会被作为鼓励发展的重点项目类型。这是因为水力发电项目无论规模大小都可能涉及严重的环境和生态问题。大型水库项目牵涉到移民搬迁、水库的长期蓄水、水质、化学和甲烷排放等问题；而中小型水电项目则需要采用阶梯式发展，涉及修建长距离的水管、改变原有源头水道和河道方向，会对当地生态造成严重破坏。当前中国大部分地区的水电资源开发已经到了极限，缺乏新的发展潜力，因此进一步发展水电并无太大意义。综合考虑，水电未来不太可能成为鼓励发展的方向，而可再生能源、林业碳汇和甲烷减排三大类将成为未来国家重点关注的项目类型。

5.4.2 CCER 项目备案与签发总体情况

　　自 2017 年 CCER 暂停以来，我国项目备案方面，公示项目数为 2937 个，备案项目数为 1315 个，备案的总减排量为 76538 万吨。在减排量签发方面，监测报告数为 824 篇，签发的检测报告为 454 篇，签发的 CCERs 达到 7800 万吨。

　　实际上，根据国家气候变化战略中心主管部门的统计，截至目前，全国碳市场和各试点履约的项目已超过 6000 万吨，即市面上真正的存量 CCER 已经相对稀缺（低于 1000 万吨左右），进入有价无市的状态，其价格相对较高。

5.4.3　CCER 未来工作重点

在市场方面，截至 2022 年，全国碳市场第二履约期依然面临巨大缺口，CCER 存量已经耗尽。在法规方面，《温室气体自愿减排交易管理办法》明确了项目申报审批流程、准入门槛以及修订相关方法学。系统方面，国家温室气体自愿减排注册登记系统和交易系统正进行升级和更新。在平台方面，国家温室气体自愿减排注册登记和交易管理机构的建立和确定也是当前工作的重要方向。

然而，仍存在一些需要解决的障碍和难点，包括新能源绿证/绿色电力问题、行政许可问题和方法学应用问题等。首先，国家能源局目前正在推动绿色电力交易和绿证交易。在某种程度上，它的减排原理和机制与 CCER 非常相似。如果某项目被认可为绿色电力并参与绿证交易，可能存在与 CCER 的重复计算问题。目前国家相关部委正在协调相关关系，未来可能主推绿色电力交易，包括绿色直供和绿色电力直供。因此，在这种情况下，CCER 可能需要剔除可再生能源板块的项目类型，而可再生能源项目可能需要进行绿证开发，无法再进行 CCER 开发。

其次是行政许可问题，目前管理办法仍处于国家发改委的行政许可范围内，而生态环境部的方案中并未提及这一点。未来交易管理办法如何约定主管部门仍然悬而未决。最后是方法学方面，尽管现有超过 200 种方法学，未来是否会进行整理和简化，提供更合适的方法学应用给企业，目前也没有明确结论。

6 国际国内企业碳中和目标及科学碳目标案例分析

在本章中，我们将探讨企业碳中和的必要性，以及结合国内外知名企业的碳中和行动案例，深入剖析这一话题。内容涉及以下三个主要部分：首先，我们将介绍企业碳中和的背景和趋势。我们将阐述碳中和时代的来临，企业迫切需要积极实现自身碳中和以适应气候变化，并从中发现商机。其次，我们将详细讨论企业碳中和的行动案例。结合苹果、微软、雀巢、阿里巴巴等企业的具体案例，我们将分析企业参与碳中和行动的必要性和可行性。最后，我们将分享关于科学碳目标的信息和案例。

6.1 企业碳中和的背景和趋势

6.1.1 碳排放结束时代已经来临

本书在先前的章节中已经介绍过，我国宣布碳达峰和碳中和目标日期，这标志着我国已经完全进入了碳排放结束的时代。放眼国际层面，早在 20 世纪 90 年代开始就围绕气候变化展开了一系列谈判，30 多年来整个谈判进程中有三个非常重要的里程碑：

首先是《联合国气候变化框架公约》（1992 年），这是关于气候变化的第一个国际公约，也是国际合作的基本框架。在这个框架下，国际社会开始了漫长的气候谈判，每年一次的联合国气候变化大会也围绕这个公约下的问题展开谈判。

其次是《京都议定书》（COP3，1997 年），它为发达国家的减排目标提供了量化指南（附件一），具有法律约束力。除此之外，《京都议定书》还提出了三种市场机制，即国际排放交易机制（IET）、联合履行机制（JI）和清洁发展机制（CDM），为未来中国碳市场的发展奠定了重要基础。

最后是《巴黎协定》（COP21，2015年），它将所有成员国的减排行动纳入一个具有法律约束力的框架中，这在全球气候治理中尚属首次。除此之外，它还提出了中长期的温控目标，即控制在2℃之内，并努力将其控制在1.5℃之内，指引了未来中长期的减排目标和路径。

经过30年的博弈谈判，全球应对气候变化已经进入了新的阶段。明确目标之后，IPCC（政府间气候变化专门委员会）在《巴黎协定》之后又发布了《1.5℃特别报告》，给出了八个重要结论，即：

（1）实现升温控制在1.5℃以内的目标，需要进行重大和迅速的变革；

（2）实现升温控制在1.5℃以内的目标，需要进行史无前例的大规模低碳转型；

（3）将升温控制在1.5℃以内具有多重含义，也会产生不同结果；

（4）将升温控制在1.5℃以内并无法保证所有人的安全；

（5）升温1.5℃带来的风险远低于升温2℃带来的风险；

（6）到21世纪中叶左右，必须实现"净零排放"，即"碳中和"；

（7）所有1.5℃减排路径均在一定程度上依赖除碳；

（8）国家、城市、企业和个人等所有各方都必须立刻加强行动。

在这8个结论之后不难看出，许多国家在《巴黎协定》下的减排承诺远远不够，世界各国需要拿出更积极的减排承诺。

《巴黎协定》采取了一种自下而上的方式，让各个国家根据自身情况制定减排目标。在这一框架下，许多国家开始更新自己的自主贡献水平，并提出了更具雄心的承诺，包括实现碳中和。可以说，在《巴黎协定》的要求下，世界各国都开始行动，碳中和也成为国际社会的共同愿景。

在设定具体目标时，各国和组织选择的进度和时间表各不相同。举例来说，欧盟采取了相对激进的步骤，于2020年发布了绿色新政，旨在于2050年实现碳中和。而英国、法国、瑞典等国已通过立法确立了碳中和的目标。中国则设定了2030年碳达峰、2060年碳中和的计划。有些国家正在制定法律提案，而有些则是发布政策宣言。尽管各国的碳中和目标和进度存在差异，但它们都致力于实现同一目标。

表6-1列出了世界上各个国家的碳中和目标时间。

表6-1 全球各国提出实现碳中和目标时间

目标时间	国家和地区
已实现	不丹和苏里南已经实现了碳中和
2050 年前	芬兰计划于 2035 年，奥地利和冰岛计划于 2040 年，瑞典、德国和尼泊尔计划于 2045 年实现碳中和
2050 年	欧盟、英国、法国、丹麦、新西兰、匈牙利、西班牙、智利、斐济、瑞士、挪威、爱尔兰、葡萄牙、哥斯达黎加、斯洛文尼亚、马绍尔群岛、南非、加拿大、韩国、日本、美国、巴西、澳大利亚、柬埔寨、安道尔、奥地利、哥伦比亚、拉脱维亚、立陶宛、卢森堡、马耳他、斯洛伐克、乌拉圭（原定 2030 年，现调整至 2050 年）、越南，均计划于 2050 年实现碳中和
2050 年后	中国和俄罗斯计划在 2060 年实现碳中和，印度计划在 2070 年实现碳中和。而泰国的碳中和目标定在 21 世纪下半叶，摩洛哥则定在 21 世纪末

6.1.2 应对气候变化的企业行动

根据各个国家的碳中和目标，许多重要的企业也纷纷制定了自己的碳中和目标。图 6-1 展示了一些知名的国际企业实现碳中和的阶段或时间节点。

图 6-1 部分企业目标碳中和时间

可以看出，许多企业将碳中和目标设定在 2050 年，以响应巴黎协定的 1.5℃目标。然而，值得注意的是，也有一些企业计划在 2030~2040 年实现碳中和，这比许多其他企业的 2050 年目标要早。这种差异反映了不同行业和企业在减排进程和目标设定上的差异。服务业和科技类企业往往更早地提出碳中和目标，这可能与它们相对更容易实现减排的技术能力和业务模式有关。相比之下，能源化工企业由于其行业特性和转型挑战，通常会设定实现时间较晚的碳中和目标。

碳中和目标的设立通常不是政府强制的，而是企业根据自身情况制定的。早期提出碳中和目标的领军企业实际上也在彰显自己的企业社会责任和绿色品牌形象。对于我国而言，自从宣布碳达峰和碳中和目标后，我们不断举行重要会议，不断强调我们的目标，向外界宣示我国的努力和决心。

我国提出双碳目标，旨在积极应对气候变化，同时对我国未来的经济发展、能源结构和国际地位都产生深远影响。这一倡议自上而下推动到企业层面，在过去的两年中，政府通过一系列政策文件对企业进行行动指导和大力支持。例如，国资委的文件明确指导央企和国企实现生态目标，工商联的文件也着重于支持民营企业加速绿色低碳转型。因此，越来越多的企业加入了碳中和的行列。然而，在实现这些目标的过程中，优化企业商业模式、推动技术创新发展、实现可持续经营显得尤为重要。

正如前一章所述，我国提出双碳目标后，许多大型企业、国企和央企纷纷制定了自己的减排目标。特别是一些高耗能行业，如电力、钢铁和石油化工企业，已提出了不同阶段的减排目标和采用的主要技术手段。这些高耗能企业实现目标的进程和速度将直接影响我国实现碳中和目标的进程。

此外，许多上市公司和民营企业也积极实施碳中和行动，尤其是中国的互联网科技行业，几乎成为中国企业实现碳中和的先锋之一。腾讯在 2021 年发布了一份全面的碳中和图，详细展示了公司业务和产品如何为中国的碳中和发展提供支持，并通过利用国家热点事件来宣传自身公司和业务。百度于 2021 年 6 月提出了碳中和全景图，阿里巴巴于同年 12 月发布了碳中和行动报告，详细披露了其碳排放情况和未来发展规划，这可以说是互联网巨头中的第一份具体行动报告。

2022 年 2 月，腾讯也发布了自己的报告，其中提出了翔实的碳中和方针、目标和实施路径。互联网行业的特性和亮点促使企业积极响应国家政策，引发了全社会的关注。如果结合自身的商业逻辑，发现一些新的、有价值的增长点，并将其转化为社会赋能，就能对社会产生更深远的影响。

6.1.3 企业面临的影响和机遇

对于许多企业，特别是中小型企业，自行设定碳中和目标并进行规划的主要原因之一是外部压力，如供应商、投资者、市场或消费者的要求等。这对于一些大型上市公司来说尤为重要，因为它们面临着要求主动披露信息的压力，这影响着企业长期的投资价值。

在实际操作过程中，企业也面临着一些压力或影响。初始阶段，企业可能只是响应政府的要求，完成一些基础工作，如按政府要求上报排放量、配合第三方机构进行核查等。但随着 2021 年下半年中央政府文件的逐步落实，越来越多的企业已经将碳中和纳入企业的发展战略之中。企业在气候变化议题上的态度转变表明，越来越多的企业已经意识到，开展双碳工作不仅是政府的要求，而且直接关系到企业的未来发展。

在各种可能面临的风险中，最基本的包括政策法规、技术、市场和声誉等，而可能遇到的机遇则包括能源效率、能源来源、产品服务、市场和适应力等。

6.2 　企业碳中和的行动案例

6.2.1 　苹果

苹果公司对其每款产品的排放量和减排路径进行了详细披露，并在其官方网站上展示了详细的排放和环境影响报告。在早年一次环境公关危机事件之后，苹果公司便开始积极践行绿色发展理念，助力并参与可持续发展行动。该公司于 2015 年达到排放量峰值，从那时起，之后每年排放量逐步下降，预计到 2030 年将实现碳中和目标。其中，25% 的排放量将通过碳抵消来进行中和，而其余的排放量将通过减排措施来完成。其碳中和目标分为三个阶段：2030 年实现碳中和、2030 年实现全部产品净零排放、2030 年实现全部产品供应链可再生能源利用。

除此之外，苹果公司还建立了自己的温室气体核算体系，根据国际标准对企业的排放量进行核算，并将其分为三个部分：一是由企业直接拥有或控制的排放源（如燃油、天然气、公务车燃油等）；二是由企业外购电力和热力所产生的排放；三是一些间接排放，包括供应链上下游的排放等。

根据苹果公司 2021 年的碳排放情况，其整体排放量为 2250 万吨。范围一①（如锅炉燃煤、食堂和公务车等）的直接排放非常少，并且通过抵消实现了碳中和；范围二（包括外购电力和热水等辅助生产）基本没有排放，实现了 100% 的能源可再生。

① 排放类型分为范围一（直接排放）、范围二（能源间接排放）、范围三（其他间接排放）。范围一的排放源包括化石燃料燃烧排放、生产工艺排放和逸散排放。范围二的排放源涵盖外购电力排放和外购蒸汽排放。范围三的排放源则包括通勤及差旅排放、原材料及服务采购排放、产品或服务使用排放以及上下游运输排放。

苹果公司主要的排放量来自产品侧，即产品制造和后续的产品运输使用等。该公司采取的主要减排措施包括设计低碳产品、提高能源效率、应用可再生电力、开发可再生能源项目、投资创新项目以及管理供应商等。

苹果公司自2011年以来一直将可再生能源应用视为其减排策略的核心。由于其全球工厂和门店广泛分布，对可再生能源的需求巨大，因而苹果公司展开了多种类型的项目开发。这些项目包括苹果公司自行建设的可再生能源项目以及长期投资的项目，比如在中国四川兴建的两个太阳能光伏发电项目。

除了可再生能源项目，苹果公司还大力投资于创新项目。例如，丹麦的风电项目是全球最大的风电项目之一，其产生的电力除了满足苹果公司的需求外，还可以并入当地电网。此外，自2021年起，苹果公司开始投资储能和生物发电项目。同时，苹果公司还为供应商提供解决方案、资金支持、技术支持以及培训等，以帮助它们进行碳管理和节能减排，推动供应链向清洁能源转型。

对于苹果公司而言，另一个值得关注的方面是基于自然的解决方案（NBS）。NBS指的是通过采取基于林业、农业、海洋和其他生态系统的保护和修复措施，实现减少温室气体排放、增加碳汇能力和增强气候适应性等应对气候变化的目标。同时，NBS也有助于实现生物多样性保护、生态环境保护等多重效益。在讨论减排时，人们常常首先想到的是风能、太阳能发电，但实际上自然保护也具有重要意义，包括森林保护、植树造林、草地湿地等生态系统的修复。苹果公司在哥伦比亚投资的红树林保护和恢复项目，预计整个项目周期将封存100万吨二氧化碳。

NBS不仅具有应对气候变化的效益，还能带来更多的社会效益，比如增加当地的生物多样性、为居民提供更多的就业机会等。因此，NBS实际上是一个较为综合的解决方案。

6.2.2　微软

微软公司设定了一系列丰富的碳目标，可以分为五个主要部分。

目标一是在2012年实现自身的碳中和，这一目标已经成功实现。此外，微软引入了碳定价机制，成为全球范围内较早采用碳定价机制的企业之一。

目标二是到2020年实现自身的碳中和以及商业出行的碳中和。其中，自身的碳中和指的是范围一和范围二的碳中和，而商业出行的碳中和是指范围三中的一部分。微软之所以单独强调商业出行的碳中和，是因为经过核算发现，在范围三中，微软作为全球性企业，商旅出行占据了相当大的比重，这部分的碳排放为五六十万吨。因此，微软首先实现了这一部分的碳中和，而将其他部分作为未来目标。

目标三是计划在 2025 年实现 100% 的清洁电力，该目标目前仍在实施过程中，尚未完成。

目标四是微软独有的目标，即到 2030 年实现负排放，并且将供应链的排放减少 50%。负排放意味着不仅要减少排放，还要实现吸收，使排放量为负值。为了实现这一目标，微软采用了一系列负碳技术。

目标五是到 2050 年实现历史累计排放的碳中和。微软是目前唯一提出类似目标的企业，意味着公司自成立以来的所有碳排放在 2050 年将达到碳中和。为了实现这一目标，微软采用了包括造林（Afforestation and Reforestation）、土壤碳汇（Soil Carbon Sequestration）、生物能碳捕集与封存（Bioenergy with Carbon Capture and Storage，BECCS）与直接空气捕集（Direct Air Capture and Storage，DACCS）在内的负碳技术。

此外，微软公司一直致力于减少范围三的排放，即供应链上下游的排放，这部分排放占据了公司总排放量的 97.96%。针对这一目标，微软采取了一系列措施（如表 6-2 所示），包括提高能效、进行能源转型以及产品减排等。

表 6-2　微软公司减排的具体措施

类别	举措
能效提升	打造绿色建筑（LEED）
	应用能源管理系统（Bonsai）
	设计高能效数据中心
能源转型	零碳能源解决方案
	使用低碳能源
	储能系统
	车辆电气化
产品减排	数据驱动的产品设计平台
	低碳设计实验
	提高产品使用能效
	为客户提供透明度
供应链管理	供应商评估
	提供工具和培训
	提供技术和金融支持

续表

类别	举措
碳抵消	基于社区的植树造林项目
	生物碳
	直接空气碳捕获

在能效提升方面，微软公司采用的能源管理系统带来了约 12% 的能效提升。因此，我国许多大型排放企业现在都愿意安装能源管理系统，以帮助企业进行减排管理。另外，在能源转型方面，微软公司搭建了数据驱动的产品设计平台，帮助设计师评估产品的碳足迹、设计和材料选择，从而生产更加节能的产品。除此之外，碳抵消也是一个关键方面。根据 IPCC 报告的预测，到 21 世纪中叶，碳抵消的规模可能会达到 100 亿吨。因此，对于微软公司来说，需要更多地投资于未来技术。除了植树造林之外，还包括生物炭、空气碳捕获等技术。

微软公司的首要亮点是其建立的碳排放减排技术平台，该平台涵盖多个模块，包括运营能效管理、绿色建筑管理、供应链管理、ESG 管理等。通过这一平台提供技术支持，微软构建了可持续的 IT 建设体系，降低了运营环境的影响，实现了可持续供应链的打造。这体现了微软公司不仅将可持续发展作为企业的一项行动，更是关系到未来业务发展的重要举措，是企业在可持续发展和碳中和行动中的又一体现。

其次，微软内部建立了碳税政策，旨在让各个业务单元承担起自身的减排责任，积极参与企业的碳中和行动。自 2012 年开始实施内部碳税政策以来，每个部门根据自身的碳排放量乘以内部碳税支付碳价，通过基金运营、管理和投资减排技术项目，协助微软公司进一步降低碳排放量。内部碳价由基金会的投资策略和基金需求量决定，目前定价为每吨 15 元。投资项目包括能效提升、绿色电力采购、碳抵消项目等。2015 年，微软的碳税政策获得了联合国气候行动奖。

最后一个亮点是微软的气候行动路径模型，被称为"5-R Journey"，即记录（Recording）、披露（Reporting）、减少（Reducing）、替代（Replacing）和移除（Removing）。该模型旨在设定科学且雄心勃勃的目标，并将其上升为全局战略，与业务相结合并成为公司自上而下的通用准则，以促使每个员工为最终目标努力。

6.2.3 雀巢

雀巢公司计划在 2050 年实现碳中和，并确立了初级供应链 100% 不砍伐森林的目标。作为一家食品企业，雀巢与农业有着密切的联系。当前，在一些地区，特别是在开发亚马逊雨林等森林地带发展农业和畜牧业等活动过程中，砍伐森林破坏植被的现象非常严重，对环境造成了巨大的影响。因此，雀巢公司将森林保护这一指标纳入其可持续发展目标之中。

如图 6-2 所示，雀巢的目标实现路径分为三个阶段。首先是加速减排阶段，其次是扩大影响力阶段，最后是净零排放阶段。实际上，对供应链的更多要求是这一阶段的核心内容。截至 2020 年，雀巢公司的整体排放量达到了 9200 万吨。尽管作为一家食品企业，尤其是与奶业和畜牧业相关的企业，雀巢的排放量仍然相当可观。在奶业生产过程中产生的甲烷排放是一个主要挑战，因为甲烷是一种强效温室气体，对气候产生着重大影响。因此，雀巢公司着重关注奶业和畜牧业，采取调整牛的饮食、添加膳食纤维等措施，以降低甲烷排放。

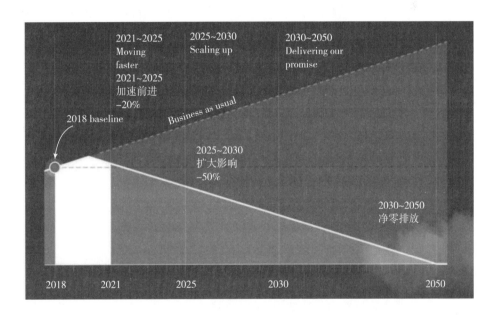

图 6-2　雀巢目标碳中和实现路径

此外，雀巢公司还制订了一系列计划和行动，包括到 2030 年前种植 2 亿棵树、推行再生农业模式、使用可再生能源和低排放汽车、实现百分之百的可回收或重复使用塑料袋、实现品牌碳中和、推进净零乳制品等。与先前提到的科技型企业不同，从农业出发进行碳减排的难度较大，但雀巢公司正努力应对这一挑战。

第一个亮点是再生农业，这是近年来国外备受关注的概念。它指通过自然生态系统的服务功能恢复农业活动，实现农业资源的持续再生利用，是一种促进健康农业发展的模式。再生农业的核心原则在于通过恢复土壤功能来修复和改善受损的土壤和生态环境。

第二个亮点是碳中和品牌转型。雀巢旗下拥有 2000 多个食品品牌，若这些品牌都能实现碳中和，将为公司实现碳中和目标迈出重要一步。提出企业品牌转型是一项智慧之举，因为这些品牌的排放量相对较低，可通过碳抵消实现中和。开展碳中和品牌转型不仅能为这些企业带来多次宣传机会，还能拉近企业与消费者的距离。

此外，雀巢在是否使用外部碳抵消方面做了明确的解释，将其碳中和目标划分为两个方向，即品牌碳中和和集团净零碳排放目标。品牌碳中和指的是产品的碳中和。雀巢拥有众多品牌，如咖啡、水、零食等。在品牌碳中和方面，公司将相关产品纳入碳中和范畴。在其报告中指出，品牌碳中和允许通过外部碳抵消来实现，因此相对容易实施。雀巢目前已推出多款碳中和产品，如某些咖啡和水产品。然而，雀巢提到的集团净零碳排放目标是指公司整体的碳中和目标，明确规定不允许外部抵消。这意味着雀巢计划通过自身努力实现完全减排，而不依赖外部碳抵消手段。公司计划到 2050 年实现净零碳排放目标，即消除将近 1 亿吨的碳排放，以自身减排行动为主要方式，而不是通过外部碳抵消来实现。

6.2.4　沃尔玛

沃尔玛是一家规模庞大的零售机构，是《财富》世界 500 强中排名第一的企业。在碳排放方面，根据沃尔玛发布的《2023 年环境、社会和公司治理报告》，沃尔玛的直接排放为 1202 万吨，相对于其他科技企业来说属于较高水平。其电力排放为 610 万吨，处于中等水平。然而，由于沃尔玛是全球最大的零售商之一，采购产品涉及品类繁多，整理间接排放数据相对困难。此外，沃尔玛披露了单位利润排放数据，即每一美元利润会排放 35.63 克碳。

沃尔玛的碳减排目标分为三个部分：

目标一为到 2025 年，使范围一和范围二的绝对排放量相对于 2015 年下降15%。这意味着沃尔玛在不使用碳抵消或碳信用的情况下，要实现绝对排放量减少 15%。这一比例看似不高，但在实际绝对排放量上实现 15% 的减少仍然具有一定难度。

目标二为到 2030 年，通过提高能源效率、利用农业废弃物、减少包装以及防止森林砍伐等措施，在供应链上累计减排 10 亿吨。这一目标被沃尔玛称为"10 亿吨减排项目"。尽管沃尔玛未提及范围三的排放量，但 10 亿吨的减排目标在全球排放总量约为 600 亿吨时相当可观。

目标三为到 2040 年，在不购买减排权的情况下实现零排放。沃尔玛特别强调了不购买减排权的意义，意味着公司将主要依靠自身努力来实现零排放。这一目标的实现难度较大，因此将实现时间推迟至 2040 年。

可以看出，沃尔玛的碳减排目标具有明显特点，即不依赖碳抵消或减排权。这一特点在其目标中体现为绝对排放和不购买减排权的设定。

6.2.5　戴姆勒

戴姆勒是奔驰汽车的母公司，根据戴姆勒发布的报告，2019 年的碳排放情况为：直接排放（范围一排放）为 130 万吨，并不属于相对较高水平；电力排放（范围二排放）为 121.6 万吨，也不算太高。作为世界顶级的汽车制造商，其范围一和范围二的排放总量约为 200 万吨，规模并不算太大。

然而，戴姆勒未披露间接排放数据，即产品在使用过程中或整个生命周期中的排放量未被量化。根据估算，戴姆勒整个汽车产业链的间接排放为 2 亿吨左右，这表明汽车制造业的整体碳排放水平非常高。

戴姆勒的碳减排目标包括四部分。

目标一：到 2022 年实现欧洲工厂的碳中和。该公司将欧洲工厂单独提出，可能是因为利益相关方更加关注欧洲的碳中和情况，或者是因为其他地区的工厂技术水平达不到碳中和的要求等。这种区域碳中和的概念也是戴姆勒的一个特点。

目标二：到 2039 年实现全球工厂的碳中和。相对于其他企业，这一目标相对较晚。但考虑到大型制造业实现全产业链碳中和的难度较大，这一时间安排也是可以理解的。

目标三：到 2030 年，使工厂的绝对排放相对于 2018 年降低 50%。绝对排放是指不依赖于任何碳抵消，实现这一目标相对较难。此外，公司还计划到 2030 年将产品的碳足迹降低 42%。

目标四：针对汽车产品新能源化的特点，公司计划到 2025 年实现 25% 的销量为新能源车；到 2030 年实现 50% 的销量为新能源车；到 2039 年推出完全的碳中和车型。尽管这些目标具有一定的创新性，但 2039 年的时间安排相对较晚，若能提前至 2030 年或更早，可能会更受利益相关方认可。

6.2.6　阿里巴巴

阿里巴巴制订了 2030 年的碳中和计划，旨在实现范围一和范围二的碳中和，并将范围三的排放量降低 50%（见图 6-3）。它创新性地提出了"范围三+"的概念，旨在通过互联网平台促进消费者和上下游企业的合作，从而激发更广泛的社会参与。然而，由于目前尚缺乏成熟的示范经验，因此阿里巴巴未来需要进行更深入的研究。

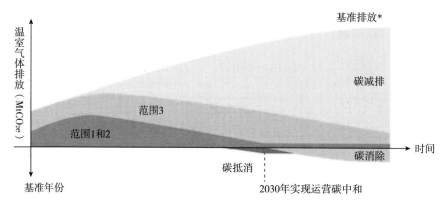

● 范围1和2排放量 ● 范围3排放量 ● 范围1、2、3碳减排量 ● 碳抵消　　● 碳消除
*基准排放：不做任何减排举措所产生的温室气体排放量

图 6-3　阿里巴巴碳中和路径

对于阿里巴巴而言，最为熟悉的低碳倡议之一便是支付宝的蚂蚁森林项目。该项目通过鼓励用户采取步行代替开车、在线支付、避免使用一次性餐具等低碳行为来节省碳排放量，并将所节省的碳排放量转化为虚拟的绿色能量。用户在完成一定数量的节能行为后，便可累积足够的绿色能量，以此换取树木种植等公益成就。这一机制体现了"碳普惠"制度（见图 6-4），是一种低碳权益惠及公众的具体实践。通过该制度，项目或场景的设计将个人与企业的减排活动进行统一的量化记录，并将其转化为积分奖励。对于那些尚未纳入全国碳市场范围的个人与企业，需要寻找其他途径和空间来实现"碳达峰、碳中和"目标愿景，以推动低碳生活的发展与进步。

阿里巴巴内部还推出了针对办公场景的工具，鼓励员工采取节能减排行动，如实行低碳办公、绿色通勤和出差等，以此来获得内部奖励。可以说，在企业和区域两个层面，阿里巴巴都进行了许多可行的尝试。

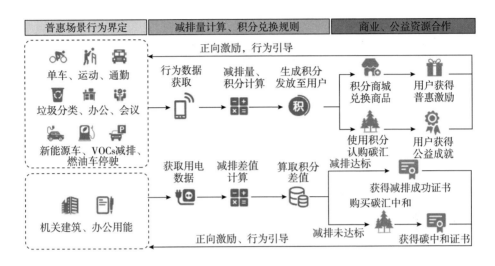

图 6-4 阿里巴巴"碳普惠"制度

6.3 科学碳目标倡议（SBTi）

6.3.1 科学碳目标倡议

科学碳减排目标是由 4 家机构联合发起的全球可持续发展组织制定的，其核心任务是明确和推广设定科学碳减排目标的最佳途径，为减少温室气体排放提供资源和指导，并独立评估和审核企业的碳中和目标。根据最新的气候科学研究成果，实现《巴黎协定》的目标被视为科学碳减排目标，即将全球平均气温升高限制在工业化前 2℃以下，并力争将升温幅度控制在工业化前 1.5℃以内。

尽管 SBTi 的发起时间并不长，但已吸引了众多国际知名大型企业（如雀巢、莱恩集团、宝洁、戴尔、沃尔玛等）参与，并按照其规定的程序设定减排目标。

6.3.2 关键要素及操作流程

在《巴黎协定》的框架下，科学设定碳减排目标对每个企业都至关重要。

针对相关问题，我们可以以图 6-5 阐述阶段性划分。

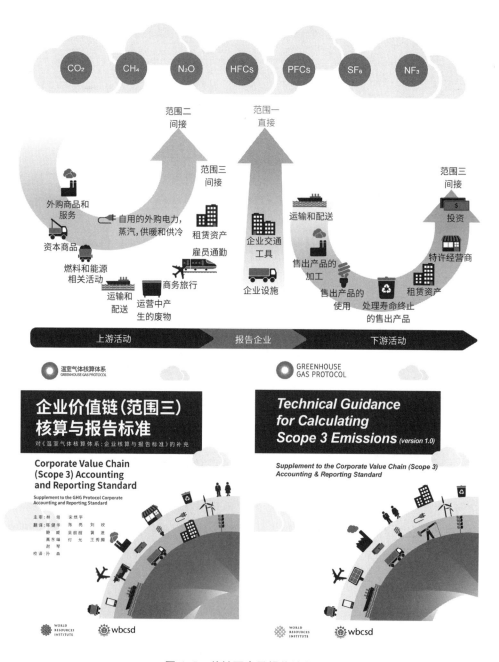

图 6-5　关键要素及操作流程

对企业而言，关键要素包括当前排放情况和未来战略发展规划。建议在目标温度远低于2℃或1.5℃的情景下，以集团公司为主体设立5~10年（鼓励设立至2050年）的期限目标。在基准年份选择可审核的范围一、二、三排放量数据作为参考，并确保至少覆盖企业95%的范围一、二排放量，同时编制完整的范围三清单（当范围三比例超过40%时必须设定范围三目标）。在设定方法上，选择绝对减排量压缩法、行业减排法或经济强度压缩法等，且每5年重新计算目标。

更新目标设定并非一劳永逸之事，需按以下五步进行操作流程：

第一步：提交承诺函。提交承诺函后有24个月时间完成后续步骤。中小型企业可直接从第三步（提交目标接受审核）开始。

第二步：设计目标。SBTi提供丰富的资源，包括指南、标准、指导工具等，协助企业设定科学的碳减排目标，并提供全面指导，协助企业准备相关评估材料。

第三步：提交目标接受审核。不同审核区域负责不同地区企业的目标审核，指导委员会审批企业提交的审核表和书面材料，完成后反馈审批结果，企业缴纳验证费用。

第四步：公布目标。审核通过后，企业可在SBTi协议官网、CDP和UNGC的网站上展示目标设定。

第五步：信息披露。企业需每年监测排放量，并通过年度报告、可持续发展报告等方式及时披露目标实现进度。

6.3.3 企业案例

截至2020年12月2日，中国已有127家企业加入了SBTi计划，其中45家企业通过了科学碳目标的审批。这45家企业大多是上市公司或具有国际业务，它们参考国际标准设定了碳减排目标。这些目标的确立有助于企业更好地规划未来的业务发展，增强品牌声誉和投资者信心，推动企业实现自身的可持续发展目标。

6.3.3.1 京东物流

随着电子商务和物流行业的快速发展，绿色物流已成为对物流企业不可或缺的要求。京东物流作为首家设定SBTi目标的物流企业，近年来提出了清零计划，并通过在地铁或公交站进行海报宣传推广，积极推动物流行业应对气候变化的进程。

京东物流的目标是在2030年将温室气体排放总量（范围一、二、三）较

2019 年基准年降低 50%；在 2025 年之前推动 50%的供应商设定科学碳目标；在 2030 年之前，将可再生电力的年度采购量从 2019 年的 0%增加到 100%。

具体行动包括在自有物流体系中提升电气化率（如使用电动车替代燃油车）以实现目标；同时降低供应链的排放，采购更低碳的产品和服务；推动供应商科学设定碳目标，推进价值链的低碳转型。

6.3.3.2　联想

在联想发布的《2020/21 财年环境、社会和公司治理报告》中，对围绕科学碳目标制定的 2029/30 减排目标进行了追踪与披露。

其减排目标包括：到 2029/30 财年，将范围一、二的温室气体排放量减少 50%；将每单位的可比较产品中，使用已售产品产生的范围三温室气体排放量减少 25%；每百万元采购支出中，采购商品和服务产生的温室气体排放量减少 25%；每吨/千米运输及配送过程产生的温室气体排放量减少 25%。

已经采取的具体措施包括：

一是提高运营效率。这包括提高运营效率、安装低能耗照明设备、提高空调系统运营效率、提高机房能源效率等。在可再生能源方面，也在投资更多相关项目。

二是提高产品的能效。即推广能源之星认证标志，该标志是电脑产品能效排名前 25%的市场表现指标。

三是推动供应商设定温室气体减排目标，并进行能源转型。

四是减少配送过程中的气体排放。例如，通过中央配送全面采用电动车辆完成物流运输，并要求物流合作伙伴披露其自身的碳排放量情况。

尽管 SBTi 是目前国际上较流行的一种碳排放量设定方式，但企业制定碳综合目标并不仅限于 SBTi。国内相关制度也在不断完善，企业可根据自身情况选择或综合利用这些方法。

对于与涉外企业展开国际合作，可更多参考国际化标准；对于国内企业来说，也可采用国家标准，如各行业的排放指南、SBTi 程序参考等，并结合这些指南完成目标设定。

7 双碳背景下绿色金融与碳金融发展机遇

本章将探讨绿色金融的概念、政策体系以及我国绿色金融发展的现状，同时结合碳金融实践案例，展示我国企业对绿色金融的偏好程度。内容主要涉及以下三个部分：

首先，本章将详细介绍我国绿色金融政策体系。这一部分将重点解读我国绿色金融体系的顶层设计、法律规定和专项政策，以及与应对气候变化投融资相关的指导意见。

其次，本章将深入剖析绿色金融在我国的发展现状。介绍了绿色信贷在我国的发展历程以及各部门之间的协作关系，从产品体系、以兴业银行为例的实际操作，到绿色债券、绿色保险、绿色基金等领域的布局和企业实际操作进程。

最后，本章将分享碳金融的最新实践。通过介绍绿色金融体系下碳金融的定义、起源以及试点城市的主要创新，结合银行和水电等实际案例，探讨碳质押、碳回购、碳远期、碳债券等碳金融方式的运用和效果。

7.1 绿色金融政策体系介绍

7.1.1 绿色金融的定义

根据中国人民银行联合财政部等部门发布的《关于构建绿色金融体系的指导意见》（以下简称《指导意见》），绿色金融指的是支持环境改善、应对气候变化和资源节约高效利用的经济活动。具体来说，它涵盖了对环保、节能、清洁能源、绿色交通、绿色建筑等领域的项目投融资、项目运营以及风险管理等所提供的金融服务。

该《指导意见》的具体目标包括动员和激励更多社会资本投入绿色行业，

并呼吁相关社会资本停止对污染性项目的投资。实现这一目标的具体方法包括：一方面通过各类政策支持和运用激励和约束机制来解决环境外部性问题；另一方面通过创新金融工具来解决绿色投融资过程中存在的期间错配、信息不对称、产品和分析工具缺失等问题。

7.1.2 绿色金融的顶层设计

绿色金融体系的顶层设计最早可以追溯到 2015 年。当时，国务院发布了《生态文明体制改革总体方案》，初步提出了绿色金融的概念。随后，2016 年的《"十三五"规划纲要》进一步确定了绿色金融的重要性和概念。同年 8 月，银保监会、中国人民银行、发改委等七部委联合发布了《关于构建绿色金融体系的指导意见》，这一文件全面定义了国家绿色金融发展的方向和目标。

2017 年，国家常务委员会批准设立了绿色金融改革创新试验区。至今，许多试验区的发展状况相当良好。例如，湖州在绿色金融领域已经开展了许多试点示范工作，而江西的赣州等地则多次在新闻媒体上进行了展示和宣传。同年 10 月，党的十九大报告中正式写入了绿色金融的内容。

随着"一带一路"倡议和相关活动的发展，习近平总书记多次强调绿色金融的重要性，相关部门也陆续发布了许多与此相关的政策文件和制度。其中，具有代表性的是，2021 年《"十四五"规划纲要》明确提出要推动产业和经济的高质量发展，进一步完善绿色金融体系。这意味着越来越多具体的政策制度将会落地实施，而许多与碳相关的产业基本上都与绿色金融息息相关。

《关于构建绿色金融指导体系的指导意见》包括了八大方面的内容：大力发展绿色信贷、推动证券市场绿色投资、发展绿色保险、设立绿色发展基金、完善环境权益交易市场、支持地方绿色金融发展、开展绿色金融国际合作以及防范金融风险强化落实。

7.1.3 绿色金融专项政策

绿色金融体系是一个多元化的框架，它包括但不限于绿色信贷、绿色基金、绿色债券、绿色保险等多种形式。在绿色信贷方面，我国已出台了一系列政策，其中包括《绿色信贷指引》《绿色信贷专项统计制度》《关于开展银行业存款类金融机构绿色信贷业绩评价的通知》以及《中国银行业绿色银行评价实施方案（试行）》等文件。

在基金和债券方面，近两年来国家发布了相当多的专项政策。在基金方面，包括《绿色投资指引（试行）》等文件；而在绿色债券方面，则包括《绿色债券发行指引》《关于开展绿色公司债券业务试点的通知》《关于支持绿色债券发展的指导意见》等政策文件。

需要重点介绍的是，央行为了激励银行增加绿色贷款而发布的绿色宏观审慎评估（MPA），评估结果分为 ABC 三个等级。由于央行实行存款准备金制度，而我国设有银行存款准备金基准线，针对不同银行进行相应比例的浮动，具体比例由央行决策。以往，银行通常向利润较高的房地产行业或高排放的化工类企业发放贷款，而绿色贷款实际上是央行要求银行必须将相应比例的贷款发放给节能减排、环保项目。在央行对银行进行评估时，如果银行在绿色贷款方面表现良好，且相关行为符合央行的评估标准，央行将给予其 A 级评价，表现为准备金率下调，激励银行进一步加大对绿色贷款的投放。

除了 MPA 外，还有绿色再贷款项目、地方政府的利息补贴和绿色担保项目等，为企业和银行参与绿色贷款提供激励政策。

7.1.4 《关于促进应对气候变化投融资的指导意见》

2020 年 10 月，生态环境部、发改委、人民银行、银保监会和证监会联合发布了《关于促进应对气候变化投融资的指导意见》（以下简称《指导意见》）。其中确定了两个具体目标：一是在 2022 年启动气候投融资试点工作并初见成效；二是引领构建具有国际影响力的气候投融资合作平台，以明显增加投入应对气候变化领域的资金规模。

截至 2022 年底，许多地级市的气候投融资试点工作已完成申报，其中 23 个地级市已获得国家批准成为气候投融资试点，包括北京通州和浙江丽水等 20 余个知名城市或地区。随着资金和技术人才的聚集，未来可能会根据不同地区的特点展开气候投融资试点工作。

《指导意见》主要包括以下几个方面：一是加快构建气候投融资政策体系，其中涵盖了环境经济政策引导、金融政策支持以及各类政策的协同推进；二是逐步完善气候投融资标准体系，包括制定气候项目标准、气候信息披露标准和气候绩效评价标准等方面；三是鼓励和引导民间投资与外资进入气候投融资领域，重点包括社会资本、碳市场、国际资金和境外投资者等（目前大多数投资者的目的是追求利润，但未来国家将引导投资要考虑社会效益）；四是引导和支持气候投融资地方实践，包括地方试点、政策环境、模式和工具创新等；五是深化气候投融资国际合作，如"一带一路"和南南合作等。

《指导意见》的特征包括以下几个方面：首先是气候属性，涵盖了目标、范围和绩效等要素；其次是统筹协同，包括政策、标准和试点等方面的协调推进；再次是市场导向，旨在引导国内资金、国际资金和碳市场等力量参与；最后是创新实践，重点关注金融产品和特色机构的创新。

7.2 绿色金融的发展现状

7.2.1 绿色信贷

绿色信贷的发展始于 2012 年发布的《绿色信贷指引》。2012~2022 年，国家几乎每年都出台相关政策和投资举措，包括各国家部委发布的相关意见和政策文件（具体时间如表 7-1 所示）。

表 7-1 绿色信贷政策

时间	政策文件
2012 年	《绿色信贷指引》《银行业金融机构绩效考评监管指引》
2013 年	《关于报送绿色信贷统计表的通知》
2015 年	《能效信贷指引》
2016 年 8 月	中国人民银行等七部委联合印发《关于构建绿色金融体系的意见》，是关于绿色金融政策的顶层设计
2017 年 6 月	中国人民银行等五部委《金融业标准化体系建设发展规划（2016—2020 年）》，将"绿色金融标准化工程"列为重点工程
2017 年 12 月	中国银行业协会《中国银行业绿色银行评价实施方案（试行）》
2018 年 1 月	中国人民银行印发《关于建立绿色贷款专项统计制度的通知》
2018 年 7 月	中国人民银行印发《关于开展银行业存款类金融机构绿色信贷业绩评价的通知》
2020 年 7 月	中国人民银行印发关于《银行业存款类金融机构绿色金融业绩评价方案（征求意见稿）》
2020 年 12 月	四季度货币政策例会首次提及"促进实现碳达峰、碳中和为目标完善绿色金融体系"
2021 年初	中国人民银行提出绿色金融五大支柱
2021 年 6 月	中国人民银行印发《银行业存款类金融机构绿色金融业绩评价方案》

2021 年，中国人民银行发布了《银行业存款类金融机构绿色金融业绩评价方案》，其中规定每家银行都需达到一定的绿色贷款比例要求。2022 年也相继出

台了涵盖碳排放和环境权益等方面的相关政策。

7.2.1.1 产品体系

根据中国人民银行发布的 2021 年金融统计数据，绿色信贷规模已经超过了 12 万亿元，主要用于支持基础设施、绿色交通和清洁能源等领域的发展。许多基础设施和交通系统由于其建设和运营的资本密集型特点，对资金的需求较高。作为重要的长期资产，这些项目通常具有较长的投资回报周期。目前，在整个信贷体系中，对重资产项目的投融资较为广泛，这反映了市场对于这些领域长期价值的认可。同时，金融机构根据不同的目标客户群体、行业地位和行业特点，已经开发和创造了许多不同类型的绿色金融产品，以满足多样化的市场需求和促进绿色产业的发展。

7.2.1.2 兴业银行案例

以兴业银行为例，该银行是国内首家绿色银行，在绿色信贷领域做了许多具有前瞻性的工作。例如，它提供了 10 项绿色信贷通用产品，包括绿色固定资产贷款、绿色项目融资、绿色流动资金贷款等，并且能够根据企业的具体需求进行定制化服务。

此外，兴业银行还推出了一些特色产品，如碳资产质押融资、排污权抵押、节能减排融资等，以及特色融资模式，如节能减排设备制造商增产融资模式、特许经营项目融资模式、节能服务商融资模式等。这些产品和模式会根据不同的市场需求选择最适合的融资方式。

举例来说，对于某节能减排设备制造商而言，如果需要进一步扩大生产规模并建设新的生产基地，就需要大量的融资支持。此时，该企业可以选择利用兴业银行的增产融资模式，通过绿色贷款获得所需的资金。这些资金将用于生产节能减排设备，以更好地满足市场对节能减碳的需求。

7.2.1.3 "环卫贷"案例

实际上，除了大型项目和公司企业需要进行绿色贷款外，一些地方小规模项目也属于绿色信贷的范畴，比如邮储银行广安市分行发放的"环卫贷"。这种贷款主要用于支持广安市的垃圾处理项目，包括更新设备以提升垃圾处理效率，否则可能对整个城市的垃圾处理造成不利影响。据了解，这笔贷款的期限为 10 年，采用权益质押作为担保方式。虽然不需要抵押任何固定资产，但可以将企业的收费权作为质押物。这里的关键是，垃圾处理中心有稳定的财政收费来源，因此在未来 10 年内不太可能面临破产或倒闭的风险。因此，这种贷款也被归类为绿色贷款的一部分。

7.2.2 绿色债券

目前，我国绿色债券市场呈现快速增长的态势。截至 2020 年末，全球绿色债券的累计发行规模已达 1.05 万亿美元，其中中国以 1273 亿美元的发行规模位居世界第二，并且持续呈现逐年增长的趋势。

为充分发挥绿色金融的积极作用，助力实现碳达峰和碳中和目标，国家有关部门定期发布绿色债券支持项目目录。2021 年 5 月，中国人民银行、国家发改委和证监会联合发布了《绿色债券支持项目目录（2021 年半年版）》。该目录包括节能环保、清洁生产、清洁能源、生态环境、基础设施绿色升级和绿色服务六大产业。

近年来，环境、社会和治理（ESG）因素在学术界和商业管理领域备受关注。企业不仅要提高生产力和盈利能力，还要考虑其对社会和环境的影响，以实现可持续发展。可持续金融为企业寻求 ESG 投资提供了动力，解决了绿色经济发展资金不足的问题。作为绿色金融的重要组成部分，绿色债券在为低碳经济转型提供融资方面发挥着积极作用。

迄今为止，对 ESG 业绩与绿色债券发行之间关系的研究仍然是新兴市场中一个较少被探索的领域，尤其是中国的相关研究更为稀缺。学者们结合中国上市公司的 ESG 表现与绿色债券发行情况，建立模型，从新兴市场上市公司的角度探讨 ESG 三个维度业绩与绿色债券发行的关系。这有助于投资者和企业更好地认识 ESG 投资，并为企业的管理者针对 ESG 相关的投资做出正确的决策提供了充足的理论和实证支持。

探讨 ESG 绩效与绿色债券发行之间的关系主要通过两个阶段的分析实现：第一阶段，调查 ESG 业绩良好的上市公司是否发行绿色债券；第二阶段，考察拥有更好 ESG 业绩的上市公司的绿色债券发行量。

为实现这一研究目标，Wang 和 Wang（2022）总结了与 ESG 和财务业绩与绿色债券发行活动之间关系相关的文献。在此基础上，从 ESG 及其子因子（E-S-G）三个维度提出了假设，并对财务业绩的调节作用进行了深入的探讨。Wang 和 Wang（2022）的研究采用了 Wind 数据库中中国上市公司在 2016～2020 年发行绿色债券情况的相关数据。作者创造性地将绿色债券发行信息与 CSMAR 数据库中上市公司的财务数据相结合。

通过概率模型和边际效应分析，研究发现，发行绿色债券的上市公司与未发行绿色债券的上市公司之间绿色债券发行和 ESG 评级得分存在显著差异。华证

ESG 评级显示，具有良好可持续实践的上市公司更有可能成功发行绿色债券。结果表明，如果上市公司将华证 ESG 评分提高 1 级，绿色债券发行概率将增加 0.073%。

进而，Wang 和 Wang（2022）采用了 5 个模型，研究 ESG 实践对绿色债券发行量的影响，特别是 ESG 各个维度的作用。模型 1 显示了华证 ESG 评级评分对绿色债券发行量的影响。该系数为正表示 ESG 评分越高，成功发行的绿色债券数量就越大。这验证了良好的 ESG 实践将促进企业发行更多的绿色债券。

模型 2 根据模型 1 增加了 ESG 评分和 ROA 之间的交互项，以探索财务绩效的调节作用。这验证了考虑公司的财务业绩会对 ESG 实践促进绿色债券发行产生负面影响。

模型 3、模型 4 和模型 5 分别验证了 ESG 实践的各个维度对绿色债券发行量的影响。环境方面，不友好的环境活动与绿色债券的发行呈负面影响关系。社会方面，那些吸引有能力的员工的社会活动与绿色债券的发行呈正面影响关系。治理方面，涉及独立和多元化董事会的公司治理活动与绿色债券发行呈正面影响关系。

综上所述，Wang 和 Wang（2022）的研究通过选择三个维度的代表性实践，从 ESG 评级的角度，将这三个因素作为一个整体进行分析。作者通过从新兴市场上市公司的角度研究 ESG 维度的业绩与绿色债券发行之间的关系，弥补了这一研究领域的空白。实证结果表明，根据概率回归模型，ESG 的评分与绿色债券发行的可能性呈正影响关系，良好的 ESG 业绩也有助于上市公司实现绿色债券的大量发行。

通过实证论证不仅帮助投资者正确认识 ESG 投资，改变以往"ESG 投资只是一种情感投资"的观念，同时为中国上市公司的不断进步提供了经验和借鉴，提升了上市公司对 ESG 实践的关注度。推动 ESG 实践，促进企业成长，实现双赢，从而促进中国上市公司的可持续发展和国民经济的绿色转型。

以中国银行为例，在 ICMA（国际资本市场协会）框架下，中国银行于 2021 年 1 月成功发行了全球首笔金融机构公募转型债券。该债券的募集资金用于支持天然气热电联产项目、天然气发电以及水泥厂余热回收项目。同时，按照规定，中国银行发布了《转型债券管理声明》，对四大关键要素进行披露。

与上市公司在资本市场发行债券募资的规定类似，转型债券的使用也有明确的要求，需要详细说明资金的实际用途。转型债券主要用于低碳转型项目，只要符合低碳转型要求，就可以被归类为绿色债券。

第一种类型是可持续发展挂钩债券项目，针对我国五大电力集团以及其他大型高污染高排放企业投资的可再生能源项目。由于可再生能源领域所涉及的资金规模较大，前期投资也较高，因此设定了挂钩目标。具体而言，如果未能实现预定目标，债券利率会增加；反之，若实现了目标，则债券利率相对较低，这对企业具有一定的约束作用。

7.2.3 绿色保险

绿色保险在狭义上指的是环境污染责任保险，在广义上则包括与气候变化和环境污染等风险相关的各类保险保障和创新产品。这些产品包括但不限于环境污染责任保险、气候保险、巨灾保险、针对低碳环保类消费品的产品质量安全责任保险、船舶污染损害责任保险、森林保险以及农牧业灾害保险等（如图7-1所示）。

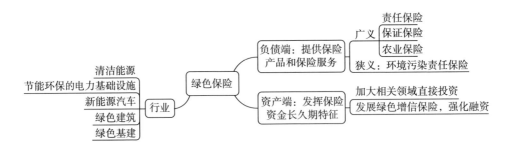

图7-1 绿色保险

在开发林业碳汇项目期间，企业可能会面临森林火灾或自然灾害等风险，为了规避潜在损失，它们可以提前购买碳汇保险。这样一来，在碳汇项目周期内，若发生损失，保险公司可以进行理赔，从而减轻企业的财务压力。

为了降低保险公司承担的潜在风险，需要不断优化绿色保险的规范和细则，并持续提升企业保险精算人员的专业能力。以下是截至2020年的相关数据，对绿色保险领域进行了梳理：

（1）清洁能源保险：总保额1.96万亿元，年均增速20.5%；

（2）绿色交通保险：总保额6.34万亿元，年均增速73.83%；赔款额64.77亿元，年均增速21.83%；

（3）生态碳汇保险：总保额1.35万亿元，年均增速4.92%；赔款额10.19

亿元；

（4）环境风险保险：总保额 5.39 万亿元，年均增速 14.38%；赔款额 2.25 亿元；

（5）绿色建筑保险：总保额 1017 亿元，年均增速 13.64%；

（6）绿色技术保险：总保额 1665 亿元；赔款额 1.15 亿元，年均增速 120.18%；

（7）巨灾和天气保险：总保额 3624.99 亿元，年均增速 13.35%；赔款额 5.058 亿元，年均增速 44.24%。

7.2.4 绿色基金

我国设立的绿色发展基金主要面向长江沿线经济带及相关省市提供服务。除了国家部委层面的参与外，还有一些地方政府、国家金融机构以及大型国企和央企参与了该基金。目前，该基金的投资规模达到 885 亿元。与此同时，许多地方也建立了自己的绿色发展基金，用于投资地方的绿色发展项目。具体而言，每个地方的政策要求有所不同。

7.3 碳金融实践分享

7.3.1 绿色金融体系下的碳金融

广义而言，碳金融指的是旨在减少温室气体排放的各种金融制度安排和金融交易活动；狭义而言，碳金融指的是碳排放权及其衍生品的交易、投融资以及相关的金融中介活动。在我国的碳市场中，基础的碳资产主要包括碳排放配额和国家核证的自愿减排量（CCER）。通过基础碳资产进行传统现货交易，派生出了多种不同的交易方式，因此被称为碳金融。

碳金融也属于绿色金融的范畴。在绿色金融相关的政策文件中，首要任务是发展各类碳金融产品，并同时发展基于环境权益的融资工具，以及拓宽企业的绿色融资渠道。其中也包括对碳资产的回购、托管等方面的开发。

7.3.2 碳金融的起源

由于许多基础碳资产难以满足市场主体多样化的需求，如控排企业的碳资产托管需求、清洁能源企业的融资需求、机构投资人和个人投资者的投资需求以及政府交易所的相关需求。各方都希望碳市场的交易规模尽量增加，以满足需求，导致金融服务（质押、回购、债券等）、金融产品及相应服务业务的出现，它们共同构成了碳金融体系。

例如，上海、广东等沿海城市相对开放，涉及碳金融创新和尝试的工作较多。而其他地区由于国内碳市场发展较晚，目前仍在探索之中，各方都在不断增加交易类型并积极尝试新方法。

7.3.3 试点碳金融

目前，各试点市场的碳金融仍处于发展阶段，创新种类众多，但实际案例尚显稀少。全国碳市场的现货交易刚刚启动，随着现货交易的成熟，我们相信衍生品交易会逐渐增多。当前，碳金融的参与方主要集中在电力行业，这是因为无论是全国碳市场还是试点碳市场，电力公司和电力行业都是最早参与的企业。

碳金融所依托的金融机构主要是股份制银行和地方银行，因为这些银行更加灵活，并希望通过满足新兴行业需求来体现其价值。尽管传统的四大行可能对碳金融不太感兴趣，但对于某些股份制银行和券商来说，这提供了一个良好的发展机遇。

7.3.3.1 碳质押

碳质押是指企业将其碳资产作为质押物向银行抵押，经过银行评估并登记后，银行向企业提供贷款。早在上海碳市场试点时（2015 年 5 月），浦发银行与上海置信碳资产公司签署了一份 CCER 质押融资贷款合同，这也是我国首单 CCER 融资案例。

与将现金存入银行产生利息等收益不同，碳资产在账户上不会产生任何利息，除非其价格随着碳市场碳价和公允价值的变动而变化。为了活跃资产，企业或相关资产公司可以将其质押给银行以获取贷款，用于投资、正常经营等，从而满足资金需求，提高资金流动性。

7.3.3.2 碳回购

碳回购是指碳资产持有者将其碳资产出售给碳市场其他参与方，并约定在一定期限后按约定价格回购所售碳资产，以获取短期资金流通。例如，2016 年 3 月，春秋航空公司与上海置信碳资产管理有限公司、兴业银行在上海环境能源交易所签署了国内首个"碳配额资产卖出回购合同"。

以春秋航空为例，假设该公司在年初持有一些富裕配额，但在年底才需要履约，因此在这一年的中间时间，将碳资产交给资产管理公司。资产管理公司按照约定价格向春秋航空支付资金，春秋航空将这笔资金投资于兴业银行理财产品，以获取一些额外收益。而资产管理公司则在获得配额后通过市场运作进行买卖，以获取差额投资收益。

到年底时，碳资产公司将配额返还给春秋航空，春秋航空将从兴业银行转出理财资金并归还给碳资产管理公司，同时按时完成清缴履约工作。

对于春秋航空公司来说，这一机制既盘活了资产，又降低了风险。即使在年底需要清缴履约时没有足够的配额，也可以按照回购合同回购。而在市场化运作阶段，碳资产公司需要足够的碳资产以满足大量的交易需求。兴业银行则通过协助客户进行理财而获得管理佣金，实现了其价值。因此，碳回购机制通过三方共赢的方式，满足了各方的需求。

7.3.3.3 碳远期与碳期货

碳远期和碳期货的概念相似，一种是场外交易，另一种是场内交易。它们通过合约形式约定，在未来某个日期按照约定价格进行一定数量的碳资产交割。例如，欧盟碳市场相对较为成熟，许多外资企业希望保证公司的利润率和收益率稳定，通过远期协议约定未来的单价，以确保价格稳定，从而避免公司成本因市场价格波动而波动，满足预算要求。换言之，这些企业希望通过碳远期合约来约束未来的谈价。

目前在现货交易中，各企业在履约前集中在碳市场购买，然而在履约后，价格和成交量均迅速下降，这不符合健康碳交易市场的规则。但通过套期保值和期货期权交易，远期交易可以实现全年周期内的稳定成交。

7.3.3.4 借碳

借碳是指履约企业或减碳企业通过借出碳配额或 CCER 来获得借出收益，从而使碳资产得以盘活。实际上，借碳是出于对企业成本的考虑。当碳资产进行交割时，会涉及一定的税收和佣金费用需要支付给交易所或交易平台。通过借碳，履约企业可以盘活碳资产，并通过借出方式获取一定的利息，同时避免交割过程中的不必要成本。因此，对于资产管理公司和投资公司而言，只要收益大于约定利息，就可以进行相应操作。

7.3.3.5 碳债券

碳债券与绿色债券相似。例如，2014 年，中广核风电公司在某风电项目建设期间，发行了规模为 10 亿元的无担保债券，期限为 5 年。这些债券被称为碳债券的原因是除了普通债券所约定的固定利率外，还有一部分利率与碳资产收益挂钩。一旦中广核公司建成风电项目，将其开发成减排量，就能实现国家生态减排目标。随后，通过将减排量出售获得的收益作为浮动利率支付给债权人。因此，债权人不仅能获得固定利率收益，还能额外获得与碳收益挂钩的浮动利率收益。这使得债权人间接参与了碳资产的开发和运营工作，增加了债权人的吸引力，因而被称为碳债券。

7.3.3.6 碳中和债

随着我国近年来碳达峰和碳中和目标的宣传，2021 年年初我国发行了碳中和债，旨在募集资金主要用于清洁能源和绿色建筑领域。在行业内，通常将用于清洁能源、绿色交通和绿色建筑等碳减排项目的债券称为"碳中和债"。举例来说，国家电力投资集团发行的债券用于支持风电项目，而南方电网发行的债券则用于水电项目，这些项目产生能源却不产生二氧化碳，属于清洁能源项目。

7.3.3.7 碳中和基金

2022 年 7 月，我国推出了一只碳中和 ETF 基金。作为一只开放式基金，该基金追踪的指数是碳中和指数，选取了资本市场中百个涉及清洁能源、储能和低碳领域相关的，或者具有较大减排潜力的上市公司作为指数样本。通过购买这只基金，核心能源、储能和减排相关的企业可以间接分享这些清洁能源、储能和低碳领域企业的收益。

7.3.3.8 实践案例

由于广东省在碳普惠发展方面的进展较早，本节选取了广东省内的几家银行（交通银行、广州银行、农业银行）作为实践案例研究对象。这些银行的官方网站均推出了与碳配额质押、抵押等业务有关的信息。

从 2021 年开始，许多电厂开始利用所持有的碳排放权进行抵押贷款。例如，江西某电厂通过抵押贷款成功获得了超过 2800 万元的资金支持。事实上，这是目前许多控制排放企业采用的最常见的碳金融方式之一，因为其操作相对简单，而银行也相对认可碳市场和碳排放权产品，因此在进行内部评估后这些企业通常可以轻松获得贷款支持。

同时，国内一些外资企业也已将碳交易纳入业务范围，并进行碳金融业务运作。例如，总部位于新加坡的金鹰集团在国内拥有电厂，因此也参与了国内碳市场的相关交易和业务运作。

另外，广州交易所的筹备工作实际上在两年前就已经开始，并在 2021 年正式揭牌。在交易所成立初期，有意向将碳配额作为交易的一部分，考虑其作为潜在的首个期货品种。然而，鉴于碳市场当时还处于发展和建立阶段，相关部门出于审慎的态度，并未将其作为首批交易品种。特别是在现货交易方面，仍存在许多需要进一步规范和完善的地方。2022年的最新消息显示，广州期货交易所已经推出了其首款期货交易品种——工业硅（光伏行业主要原材料），基准价格为每吨18500元。

8 企业碳资产管理

本章旨在探讨典型企业在碳资产管理方面的实践经验，并重点关注使用基准线法和历史强度法来测算企业配额盈缺的情况。内容涵盖以下两个部分：

第一部分：企业碳资产管理的方法论。本部分将明确碳资产的定义、目标意义以及管理方法。读者将了解如何有效地管理和优化企业的碳资产，从而实现减排目标并获得环境和经济双重效益。

第二部分：企业碳资产管理经验分享。本部分将分享一些企业在碳资产管理方面的经验。这些案例将展示不同行业、不同规模企业在碳资产管理方面的实际操作和应对策略，为读者提供实践参考和借鉴。

8.1 企业碳资产管理的外部环境

8.1.1 碳资产的概念

碳资产的定义较为广泛，指的是企业过去的交易行为或项目产生的、经国际或国家官方机构核证认可、由企业拥有或控制的具有流动性和交易价值属性的排放权或减排额度。这些资产不仅代表了企业当前的价值，也反映了其未来的资产潜力。在全国碳市场的背景下，企业所拥有的配额以及可用于抵消排放的减排量单位（CCER）即为企业的"碳资产"。

8.1.2 碳资产管理的价值和意义

首先需要明确将碳管理行业与双碳产业区分开来。双碳产业可以说是已有的一些行业，它们只是符合双碳目标或与双碳目标一致，因此被归类为双碳产业。这些产业包括新能源发电、储能技术、新型电网、新能源汽车等。即使没有双碳目标，这些行业也会各自发展，它们并不是专门为了实现双碳目标而产生的。

碳管理行业可以说是专门为双碳相关事务提供服务的行业，是一个新兴的行业。碳管理行业主要从事以下工作：进行碳排放核算、制定双碳规划方案、协助企业实施碳管理、提供与双碳相关的教育培训，以及开发碳资产和进行碳交易等。这些服务旨在支持我国或全球实现碳中和目标，因此将其归类为碳管理行业。本章主要讨论与该行业相关的内容。

碳排放管理员这个职业在2021年3月正式被列入《中华人民共和国职业分类大典》中。可以说直到2021年3月，这个行业才正式有了一个职业的分类，之前是没有这个职业存在的。碳排放管理员主要从事企事业单位二氧化碳等温室气体排放监测、统计、核算、核查、交易和咨询等工作。因此，这个职业不仅仅涉及管理，还包括碳交易、碳监测等方面，都被纳入了碳排放管理员这一职业范畴。

此外，在《中华人民共和国职业分类大典》划分后，人社部发布《碳排放管理员国家职业技能标准（征求意见稿）》（以下简称《征求意见稿》）。在这份标准中，碳排放管理员被分为5个级别。其中第五级是碳排放管理员，而往上则可以分为碳排放监测员、碳排放核算员、碳排放核查员、碳排放交易员，这是1~4级可以考取的级别。

另外还有一个专门的职业叫做碳排放咨询员，这个职业共分为三级。这种分类是在《征求意见稿》中出现的。目前这个等级划分以及具体分类还不是最终定稿，可能会根据实际从事的业务类型进行调整。比如，不太可能有人专门从事碳排放监测这一业务，因此实际分类可能与标准有所不同。未来可能会有更加规范化的职业等级划分和具体分类。

但需要强调的是，目前尚未有权威的碳排放管理员相关的职业资格证书发放，也没有任何企事业单位对持证上岗有强制要求。

碳管理行业中包括两个主要方向：首先是企业碳管理侧，其次是碳市场侧，我们将它们分别称为咨询方向和碳金融方向。

首先，企业碳管理侧方面。企业要实施碳管理，首先需要进行碳盘查。碳盘查是对企业自身的碳排放进行核算，然后还需要计算产品的碳足迹，这涉及产品全生命周期的碳排放核算方法。为了实现企业和产品层面的碳中和，不仅需要进行企业内部的碳管理，还需要进行整个供应链的碳管理。此外，为了获得相关权威认可，可能需要获得一些评级，比如CPD、ESG、SDR、SBTi等机构的认可。基于此，还需要进行碳中和规划，并建立碳管理体系和标准体系，以及定期发布碳中和报告，这是企业碳中和日常管理的一部分。企业可以自行进行这些管理，也可以委托外部咨询机构进行。目前大多数企业都选择委托外部咨询机构来处理相关业务。

其次，碳市场侧方面。碳市场首先需要有可交易的资产，因此第一步是开发碳资产，即 CCER。掌握了 CCER 的开发后，可以进一步拓展业务，如国际减排项目，比如未来可能涉及的 SDM、VCS、GS 等国际通用碳资产的开发。此外，还可能涉及一些企业对绿证的需求，从而开展绿证相关业务。然后，需要考虑交易部分，可以在国内碳市场进行交易，也可以在国际自愿减排市场进行交易。此外，还有一些国际特殊的碳市场，比如 CORSIA，这是航空领域的减排市场。未来可能还会涉及一些跨区域、跨行业的碳市场。进一步地，可以将碳资产作为金融工具进行延伸业务，比如做碳资产的质押贷款，或者将其视为股票市场进行操作，比如在二级市场进行买卖。此外，还可以开展一些衍生产品，比如信托、基金、债券等。

企业进行碳资产管理的价值和意义可以从四个方面来理解：

首先是财务价值。这意味着通过参与碳市场的投资来降低成本并获得经济利益，或通过自主减排来节约能源支出。简言之，这是开源和节流的实践。

其次是业务价值。碳资产管理可以提升产品的附加值，提高企业的风险管理能力，并优化采购和销售活动。举例来说，在试点城市，控排企业未及时履约可能面临 3~5 倍的罚款，各城市的处罚力度不尽相同；而全国碳市场的罚款额度为 10 万~50 万元，同时需在次年弥补配额缺口。这不仅会造成企业财务损失，还可能损害企业的信誉，影响企业获得财政补贴和银行贷款优惠。

再次是无形资产角度。进行碳资产管理可以彰显企业的社会责任和品牌价值，例如通过宣传自身拥有的低碳减排技术，以符合国家双碳目标，从而展示企业的社会责任意识。举例来说，蒙牛、百度、阿里、腾讯等企业发布的碳中和报告展示了它们在低碳方面的努力。

最后是管理角度。碳资产管理可以弥补传统企业业务分割的不利影响，增进各部门之间的融合，提升人员与体系管理水平。

8.1.3 碳资产管理的目标、路径

在碳资产管理领域，相关公司主要可以分为三大类，即咨询类公司、审定核查类公司和碳交易类公司。第一类，咨询类公司主要为企业、政府和其他利益相关方提供碳资产管理的专业咨询服务。它们的服务内容包括帮助企业计算碳排放

和碳足迹，协助政府计算碳排放，编制温室气体清单等。这类公司的进入门槛较低，因此在碳资产管理行业中数量较多，如中创碳投、杭州超腾、广州绿石等。这些公司的规模通常较大，因为专业人才是其提供服务主要资源。对于新入行的专业人士来说，加入这类公司是快速了解行业和积累相关知识的有效途径。

第二类公司是审定核查类公司，一般为中字头的公司，如中国质量认证中心（CQC）、中国环境认证中心（CEC）以及华测认证（CTI）。它们的主营业务是审定核查和认可认证。虽然审定核查和认可认证不仅限于碳行业，在其他行业也需要，但在碳管理领域，它们扮演着第三方角色，负责审定核查报告和数据的真实性。因此，对从业人员的专业要求较高。想要进入这类公司可能有一定困难，但对于专业精进有较高要求的人来说，这是一个很好的选择。

第三类公司主要是碳交易类公司，它们的主要盈利方式是通过碳交易和碳资产开发来实现。因此，这类公司主要与资金打交道。与人员规模相比，资金规模更为重要。这些公司通常人员较少，但非常专业。市场上大部分交易参与者都是这些公司，特别是在补充机制 CCER 的交易中，这些公司占据主导地位。

以上三类公司开展的业务类型之间会有交叉之处。首先是咨询类公司，它们主要提供报告类的服务，如碳盘查、碳足迹、温室气体清单编制以及建立碳管理体系，为企业、政府以及其他利益相关方提供咨询。此外，它们也可以开展碳核查和双碳规划等业务，与审定核查类公司存在一定重叠。虽然理论上碳核查应由独立第三方即审定核查公司实施，但目前国内允许咨询类公司协助政府进行碳核查工作。双碳规划则是高端咨询类的业务，审定核查公司和咨询公司都参与其中，各自具有影响力，因此并不是说咨询类公司一定做得更好，或审定核查类公司做得更好。

其次是审定核查类公司，它们主要负责 CCER 的审定核查、认证和标准开发等工作。审定核查需要国家颁发的资质，因此只有审定核查类公司可以开展。此外，碳中和的认证通常需要第三方机构背书，因此通常需要寻求审定核查公司出具证书。例如，碳中和活动、企业碳中和以及产品碳中和等一般都需要审定核查公司出具证书。另外，标准的开发，如双碳标准等业务，也是其主要业务之一。虽然咨询类公司也可以开展此类业务，但其优势不够明显。

最后是碳交易类公司，它们主要从事碳交易、碳资产托管和碳金融等业务，涉及与资金打交道。除了这些业务，它们还会开展一部分与咨询相关的业务，如碳资产开发和碳中和服务。碳资产开发涉及一级市场的开发，即生产碳资产，有些碳交易类公司可能委托咨询公司来完成，而一些较大的碳交易公司会自行开发碳资产。此外，它们还可能与审定核查类公司有交叉，如在方法学的开发方面。方法学的开发是开发项目碳资产的先决条件之一，如果碳交易类公司找到了优质项目但缺乏相关方法学，它们可能需要开发新的方法学，而审定核查类公司在这方面也具有优势，因为对于 CCER 的申报流程非常熟悉。

8.1.4 企业碳资产管理层级与架构模型

图 8-1 展示了根据近年来企业碳交易内部管理体系建设实践总结出的架构模式。该模式整体上分为高层决策层、中层管理层和基层执行层三个主要环节。具体而言，高层决策层由董事长或总经理负责制定战略决策；中层管理层负责将战略目标传达至基层并监督执行；而基层执行层则根据具体的分工和组织特点协同合作，完成任务并实现目标。

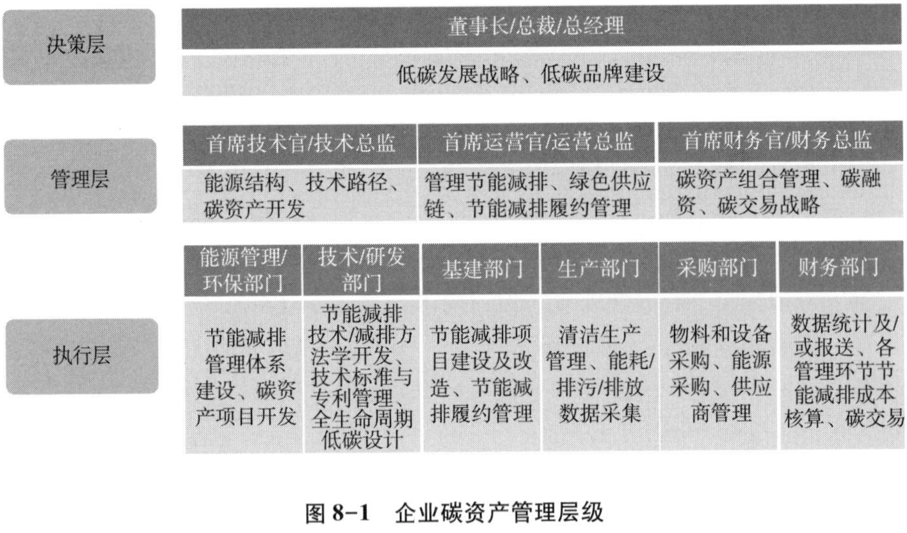

决策层	董事长/总裁/总经理					
	低碳发展战略、低碳品牌建设					
管理层	首席技术官/技术总监		首席运营官/运营总监		首席财务官/财务总监	
	能源结构、技术路径、碳资产开发		管理节能减排、绿色供应链、节能减排履约管理		碳资产组合管理、碳融资、碳交易战略	
执行层	能源管理/环保部门	技术/研发部门	基建部门	生产部门	采购部门	财务部门
	节能减排管理体系建设、碳资产项目开发	节能减排技术/减排方法学开发、技术标准与专利管理、全生命周期低碳设计	节能减排项目建设及改造、节能减排履约管理	清洁生产管理、能耗/排污/排放数据采集	物料和设备采购、能源采购、供应商管理	数据统计及/或报送、各管理环节节能减排成本核算、碳交易

图 8-1 企业碳资产管理层级

在企业管理架构方面，通过创新性地提出 SMART-ABC 模型进行直观展示（如图 8-2 所示）。在该模型中，每个字母代表着特定的要素，分别是战略规划（Strategy）、管理机制（Management）、行动方案（Action）、规则制度（Regulation）和支撑工具（Tools），从而实现对考核约束（Assessment）、品牌宣传（Brand）和能力建设（Capability）三个方面的发展。

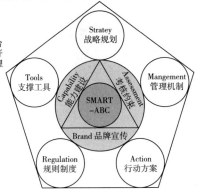

一、Strategy（战略规划）
制定契合政策形势、内外部环境和公司愿景的低碳发展战略规划是企业碳管理的第一步，将起到顶层指导作用。战略规划中可提出碳达峰碳中和的指导思想、基本定位、总体目标、阶段目标及实施路线图等。

五、Tools（支撑工具）
利用企业碳管理平台、碳普惠平台等信息化、数字化工具或者平台开展碳管理工作，能够显著提升管理效能。

二、Management（管理机制）
建立一套落实企业双碳或碳战略的管理机制，管理层对战略规划确立的低碳发展目标进行宣贯，确定管理层中双碳工作的牵头领导，建立决策机制，定期沟通信息等。

四、Regulation（规则制度）
将企业碳管理过程中的各项要求，结合企业管理的现状和战略规划、行动方案的具体内容，形成规范的制度体系，支撑各类工作有序开展。

三、Action（行动方案）
在双碳战略规划引领和指导下，研究和制定双碳或者碳管理部署的具体行动方案，落实重点任务：
1. 开展碳盘查、核算产品碳足迹企业运营碳管理：打造绿色供应链、气候投融资、实施减排技术、加强能力建设；
2. 业务板块与碳的融合：识别具体业务板块的新要求、新机遇，以碳赋能，评估制定新的业务模式和发展规划，实现新的业务增长。

图 8-2 企业碳管理架构 SMART-ABC

S 对应的是战略规划。碳市场作为政策导向型市场，企业需要及时学习、了解和掌握外部政策，以便在履约机制中熟练运用。企业可以通过相关管理部门网站、权威机构报告等渠道获取政策更新与变化的信息。在了解外部形势后，企业还需要根据外部形势制定内部目标，确立发展愿景和战略规划。例如，道达尔能源公司根据外部形势和内部需求修改了公司名称和 Logo，将企业引领到更清洁的能源发展道路上，实现了发展目标。

M 对应的是管理机制。管理机制包括团队建设、层级设置（决策层、管理层和执行层）、职责明确分工、工作流程规范化、信息沟通畅通等，这些构成了贯穿公司上下的信息流通机制。

A 对应的是行动方案。可以简单概括为算、减、管、评四个步骤。算，即企业需提前进行碳排放量的盘查。目前，对于大部分高耗能企业而言，主要进行产品碳足迹核算，范围主要集中在范围一和范围二之间。减，指在盘查基础上评估技术的减排潜力和成本，进而部署减排技术。管，是指利用盘查数据对配额盈亏进行预测，对富余的配额进行交易以获利，对不足的配额缺口要及时补足，尽可能实现碳资产的保值增值和储备减排项目。评，是指定期回顾进展，适时调整企业碳交易管理计划。

R 对应的是规则制度。企业最核心的管理是数据的管理，因此需要建立相应的规则制度。首先是碳排放数据管理制度的建立，包括对数据质量的控制、采样检测流程规范的监测等方面。其次是碳资产管理制度，涉及碳交易与履约的管理办法、减排项目开发管理办法、碳会计方面的相关规定等。最后是碳减排管理制度，包括碳减排目标的分解、碳减排技术投资评估办法、目标任务考核制度等。

T 对应的是支撑工具。企业在资产管理的过程中不可避免地需要借助一些工具来提供支持。例如，集团碳管理平台、SaaS 碳管理平台等信息化和数字化工具可用于开展碳管理工作，提升管理效率。这些工具有助于构建未来的企业碳管理系统，其中包括测算一体（测量和核算一体）、能碳融合（能源和碳管理融合）、软硬兼施（软件和硬件结合）、重轻分离（根据企业规模选择信息管理平台）等特点。

在此基础上，形成整个模型中的 ABC 核心工作：

A 对应的是考核约束，即将碳管理工作纳入公司考核评价体系，对工作成效突出的予以奖励，未完成的则进行通报约谈。

B 对应的是品牌宣传，即通过多种方式对外宣传公司在低碳发展方面的优良做法与优异成绩，提升品牌价值。

C 对应的是能力建设，即面向相关人员开展培训，提升执行队伍的专业素养与工作能力，以保障碳管理工作的顺利落地。尤其对于中小企业来说，碳管理相关的人员流动性较大，因此需要对人员开展相关培训，使其掌握工作流程和内容，从而确保碳管理工作的顺畅进行。

8.2　企业碳资产管理业务推进

8.2.1　控排企业

控排企业是指目前或即将纳入强制碳市场的行业中的企业，涵盖了八大高能耗高排放行业（航空、造纸、化工、石化、钢铁、水泥、电解铝、发电）。这类企业即使当前未被纳入全国碳市场，未来也将会迅速被纳入。针对这类企业可以提供以下服务：

（1）碳盘查和建立碳管理体系：从头到尾梳理企业的碳排放情况，并建立完善的碳管理体系。

（2）碳资产管理：随着企业被纳入碳市场，它们将拥有碳资产，因此可以帮助控排企业管理这些资产，使其保值增值。

（3）减排项目挖掘：通过发掘减排项目，如节能项目，可以帮助企业实现减排并获得额外的碳配额收入。

（4）双碳信息化：为大多数企业和政府提供的信息化服务，也适用于控排企业。

对于控排企业，首先需要通过提供初步的咨询服务建立信任关系，然后通过承接更大规模的实体项目来获取更多利润。这是实施碳管理、开展相关业务的有效模式。对于控排企业的业务推进，首要步骤是进行排放量的摸底调查和搭建碳管理体系。这包括开展碳盘查、建立碳管理体系的建立和提供相关培训。对于体量较大的企业，甚至可以为其提供免费服务以建立起信任关系。

随后，服务提供商可以为控排企业提供信息化服务，即使企业本身没有软件开发能力，也可通过外包或采购现成的工具实现双碳信息化。之后，服务提供商可以与企业签订协议，管理其碳资产，并制定利益分配方案。通过管理，可以使企业的碳资产带来更多收益，从而获得更多利润。此外，服务提供商还可以为企业提供实体减排项目，实施节能减排，为企业带来双重收益。这类项目的投资较大，但收益可观。通过这些方式，可以为控排企业提供全方位的碳管理服务，助力其实现减排目标并创造更多的价值。

8.2.2 减排企业

减排企业手上有可以开发成碳资产的项目，几乎所有的企业都有可能成为减排企业。其中最典型的项目包括风电、光伏和甲烷回收等。针对这类企业，可以致力于为其开发减排项目并将其转化为碳资产。

在开发碳资产方面，存在多种类型。根据需求和市场情况，可以开发国内的CCER，也可以开发国际的 VCS 或 GS。对于可再生电力类项目，还可以开发绿证或直接销售绿电，具体取决于项目的实际情况和业主的需求。

尽管目前 CCER 相关流程尚未重新启动，市场前景尚不明朗，但整体国家碳市场规模能够支撑大约 500 亿元的初级市场交易。另外，绿证开发也是一个重要方面，随着越来越多企业实施碳中和方案，通过购买绿证来抵消碳排放的需求不断增加。预计这个市场每年的交易额在 100 亿元左右，并且随着需求的增加会逐年增长。

8.2.3 ESG 企业

ESG 企业对环境、社会和公司治理（ESG）非常重视，通常是各行业的领先企业，甚至包括国有企业，因为它们自身或利益相关方对其 ESG 表现十分关注。针对这类客户，有几项重要的业务可供开展：

（1）碳中和规划和实施方案：大多数 ESG 企业都有相关需求。目前，许多领先企业在其 ESG 报告中已经提出或即将提出碳中和的规划和方案。

（2）碳管理体系：由于这些 ESG 企业往往规模较大，因此建立完善的管理体系至关重要，以确保整个企业的碳管理能够有效运转。否则，仅依靠个别人员的力量很难将碳中和规划和目标落实。

（3）双碳信息化：为企业提供信息化解决方案，以管理碳排放和实施碳中和目标。

（4）应对倡议组织：许多国际倡议组织具有一定的权威性。加入这些组织并获得高评级对于提升 ESG 表现非常有帮助。因此，这些企业有参与倡议组织的需求，并可能需要外部咨询来满足组织提出的要求。

（5）双碳标准开发：作为领先企业，这些 ESG 企业对制定相关标准也有需求，以展现其在行业中的领导地位。因此，他们可能需要双碳标准开发方面的服务。

对于绝大多数 ESG 企业而言，它们通常是终端消费企业，因为它们是品牌企业，大多面向终端消费者。针对这些终端消费类企业，它们往往能够带动整个产业链。作为 ESG 企业，它们的责任之一是推动整个产业链的减排。因此，通过服务一个 ESG 企业并挖掘其上下游客户，可以实现公司的全方位发展。

首先，第一步是进行碳排放摸底，并编制相关报告，包括碳盘查、碳足迹和碳中和规划等。这些报告可以展示公司的实力，为获得客户的认可打下基础。接下来，通过这些业务获取客户的认可后，可以继续开展相关培训，不仅为 ESG 公司提供培训，还可以向上下游企业提供组织相关培训的服务。这种培训也是吸引客户的一种方式。通过邀请上游企业参加培训，可以帮助他们了解相关压力，业务也会自然而然地产生。之后，建立碳管理体系，不仅是为 ESG 企业自身，还可以建议他们建立供应链的碳管理体系。实际上，供应链碳管理体系的管理者也是 ESG 企业自身。另外，碳管理软件方面，除了为 ESG 企业提供碳管理软件外，整个供应链也需要信息化支持。通过为 ESG 公司及其上下游企业提供这一服务，可以把握这一业务机会。

在进一步展开时，可能会涉及碳交易和节能项目。对于这类 ESG 企业，他们可能并没有参与碳市场或进行碳交易的硬性需求。因此可以试探性地了解他们是否有潜在的项目可以开发成碳资产，如果有，可以进一步商谈，帮助他们开发和交易碳资产；如果没有，也可以考虑其他方案。节能项目同样如此。由于 ESG 企业的工厂通常能源消耗较低，因此规模可能不会太大。但如果有相关需求，也可以提供相应的服务。

第二步是实施碳中和方案，包括开发碳资产和进行节能项目。同时，还要帮助 ESG 企业扩大影响力。这对 ESG 企业至关重要，因为他们不仅要实施碳中和计划，还要通过各种渠道传播碳中和相关的业务，以提高其社会影响力。

其中一个非常重要的方面是提供加入国际倡议组织的咨询服务。可以帮助 ESG 企业加入这些组织，并协助它们每年满足这些组织的要求，这有助于提升 ESG 公司在整个社会中的影响力。

此外，还可以考虑进行相关标准的研发，并协助 ESG 企业申请参与相关试点示范。政府或某些行业协会通常会组织一些双碳相关的试点示范项目，如果认为这些项目对提升影响力有益，可以帮助 ESG 企业申请参与，这也是扩大影响力的一种方式。

第三步，针对供应链客户，通过培训和咨询服务，帮助他们了解并执行双碳相关的措施。这实际上也是为 ESG 企业服务，因为要实现供应链的碳中和，需要上下游企业了解双碳并按照其节奏执行相关措施。作为 ESG 企业服务的提供者，如果能够服务其上游企业，将更加得心应手。通过深入挖掘一家 ESG 企业的上下游，可以发现大量的业务机会。因此，只要用心服务好一个大型 ESG 企业，就可以获得丰富的业务机会。

8.2.4 政府机构

政府机构在推进双碳计划的过程中也需要专业的咨询服务。其中，最常见的业务之一是碳核查，即代表政府对管辖范围内的企业进行核查，验证其提交的碳排放报告是否符合相关指南和要求。这是双碳管理领域中最为常见和成熟的业务之一。

另一个重要业务是提供双碳培训。由于国家层面推动双碳计划，各级政府都要进行内部和外部的双碳培训，因此对此类服务的需求较大，可以为政府提供相关的培训服务。

此外，还有区域温室气体清单编制，用于统计一个行政区划范围内的整体碳排放情况，以及制定区域达峰方案，如市级、省级的达峰方案。政府也需要外部专家力量来制定相关方案。

另外，政府也需要双碳信息化工具，类似于企业需要管理碳排放一样。

对于政府的业务推进，可以制订一套有序的计划。首先，第一步是参与政府的碳核查和温室气体清单编制等相关业务，这是接触政府双碳业务的入口。完成这些任务后，可以扩展服务范围，如提供碳管理培训和协助制定双碳规划，特别是碳达峰的规划和实施方案，这是各级政府的重要采购需求。还有就是双碳的信息化，各级政府都有这方面的需求。

第二步是协助政府实施双碳支撑措施，包括培训、规划和信息化等相关业务。进一步地，可能需要落地一些具体项目，如推进碳普惠项目，以促进民众参与双碳计划。在解决民众参与的问题上，政府通常会考虑开展碳普惠项目。

第三步是推进双碳产业落地。可以根据当地政府的产业条件，提出一些双碳项目的促进措施，如引进双碳产业或进行节能改造。这需要整合各方资源，为政府提供双碳产业落地的方案。

8.2.5　个人碳减排

目前，针对广大群众的双碳服务并不算是一个成熟的业务，但未来可能会有一定的商业发展空间。举例来说，碳普惠项目便是一项针对广大群众的服务，未来这项业务有望成为巨大的增长点。

另一个方向是开展与碳相关的培训。无论是收费还是免费，许多普通群众对于双碳问题仍了解甚少。双碳领域的专业人士有责任提高整个社会群众对双碳的认知水平。

此外，可以考虑开发双碳新媒体。目前来看，这些媒体可能的商业价值并不是很高，但随着越来越多的人关注双碳领域，自媒体和新媒体也将具备一定的商业潜力。无论是品牌方的合作、招聘活动还是相关产品的推广，这些都有望实现商业化。此外，许多新加入者会选择通过新媒体进入这一行业。

8.2.6　行业自身

随着行业的发展，行业内也会出现一些相关的业务需求。

首先是针对从业人员的培训。随着行业的发展壮大，专门针对从业人员的培训将变得越发重要。

其次是双碳信息化。除了为企业提供服务外，行业自身也需要相应的信息化支持。例如，碳交易软件、内部核查软件以及用于计算碳足迹的软件等都是必需的。

此外，资讯服务也是至关重要的一部分。随着行业的壮大，了解行业内发生的重要事件、重大新闻以及政策解读等信息变得越来越重要，这些信息有望在未来实现商业化，构成行业咨询服务的一部分。

9 企业碳交易与中国碳市场价格影响机制

企业碳交易在当今全球经济与环境议程中扮演着日益重要的角色。了解碳市场交易价格的形成原理、我国碳市场碳价分析以及对全国碳市场未来情况的展望，对于企业制定碳减排策略和投资决策至关重要。本章将围绕这一主题展开，涉及的内容主要分为三个部分：

首先，本章将探讨碳价的形成方式。介绍碳市场的定价机制、交易方式，以及影响碳价的供需关系和配额政策等因素。特别将对欧盟碳市场配额发展情况进行深入分析，以从中汲取经验教训。

其次，我们将对中国碳市场的碳价进行分析。介绍全国碳市场开市的情况，对 2021 年全国碳价走势和大宗交易价格走势进行解读，并深入分析我国碳市场的特点，探讨其在全球碳市场中的地位和影响。

最后，本章将展望全国碳市场的未来。未来我国碳市场的覆盖范围将逐渐扩大，潮汐现象将逐渐减弱，这将为投资者和个人提供更多入市交易的机会，并可能开启碳金融衍生品等期货模式，推动碳市场更加健康和活跃发展。

9.1 碳价的形成方式

9.1.1 碳市场定价机制

碳市场通常采用"总量—交易"的方式建立碳排放权的定价体系，从而形成市场价格，即碳价。碳排放权交易实际上是一种基于市场化机制控制温室气体排放的政策工具。碳市场以碳价为信号，引导和鼓励企业进行节能减排。如果碳价过高，企业将减少通过碳市场购买相应的碳配额，转而选择实施节能减排项目或开发节能技术，从而实现政府控制温室气体总排放量的目标。

如图 9-1 所示，碳市场的主要参与主体包括政府和管控企业。政府的主要责任是确定排放总量（总量控制目标），并为参与碳市场的企业或负责管控的企业分配排放配额。管控企业的核心任务是履行配额，这意味着它们必须提交与其碳排放量相匹配的配额。这些企业一方面可以通过交易所购买配额，另一方面则可以通过实施节能减排项目或购买 CCER 等方式来获得所需的配额。

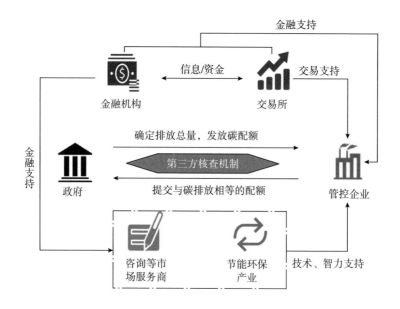

图 9-1　碳市场定价机制

除了政府和企业这两大主体外，交易所为这些管控企业提供交易和金融支持，同时促进金融机构和交易所之间的信息和资金流动。此外，交易所还提供多种碳金融产品，如碳借贷、碳置换、碳抵押等，以支持企业的碳交易活动。

在整个碳市场体系中，还涉及咨询机构和节能环保企业。咨询机构可以协助企业管理碳资产，指导其在交易所进行配额交易，并以更低的价格或成本完成年度履约，为企业提供技术和智力支持。而节能环保产业不仅为企业提供 CCER 减排项目，还协助企业开发节能减排技术，从而降低碳配额的使用量。

9.1.2　碳市场交易方式

在整个碳市场中，通常存在两种主要的交易方式。首先是线上交易，即在统一的交易平台上进行的连续价格交易，其界面类似于股市价格波动图，方便交易参与者实时跟踪市场动态。

另一种交易方式是大宗交易，也被称为线下交易，涉及不同的企业和个体，它们分散在各个地方。这种交易方式首先通过协商或报价等方式确定协议价格，然后将协议价格报告给碳交易平台。在这种情况下，许多交易价格都是私下内部确定的，缺乏公开透明性，因此可能存在多个不同的价格。

举例来说，在一组大宗交易中，假设有一家水泥厂打算出售碳配额，以 10 元的价格将配额出售给碳商 A，然后碳商 A 再将其转售给碳商 B。由于碳商 B 并不知道这些配额是从水泥厂购买的，因此他以 12 元的价格购入，并以 15 元的价格将其卖给了一家希望购买配额的电厂。这种情况是由于线下交易的不公开和不透明性，导致了交易价格的多样化和不连贯。

另外，还存在一种极端情况，即总公司与其子公司之间的交易，尽管这种情况通常不常见。例如，总公司发现子公司存在碳配额缺口，于是通过内部调配的方式，以低价或者极低的价格将一部分配额出售给子公司。由于它们属于同一公司体系，这实际上等同于是一种内部资源调配，对于整个集团而言几乎是免费赠送的形式。

9.1.3　碳价影响因素——供需关系

碳价的主要影响因素是供需关系。碳市场作为一个交易碳配额的市场，其配额受到总量控制目标（设定的总配额）的制约，同时也受到控排企业的需求影响。当供大于求时，由于供给过剩而需求不足，导致价格下跌；相反，当供不应求时，价格则呈现上涨趋势。

在供给侧方面，碳市场的配额政策直接决定了配额的供给总量，因此对碳价的影响最为直接。此外，CCER 在全国碳市场中可以用于抵消部分配额的履约量，因此 CCER 的数量也会影响到供给，从而进一步影响价格。

对于需求侧而言，企业需要履行配额，因此其需求量直接与排放量相关。一方面，企业的产量可能受到整体经济社会因素的影响（包括自身规划和发展）；另一方面，减排技术的发展也直接影响到企业的需求。

9.1.4　碳价影响因素——配额政策

在配额政策放松时，总量设定以及分发给企业的配额都可能受到影响，导致企业手中的配额过剩，进而引发碳价下跌；相反，在配额政策收紧时，企业手中的配额可能会变得紧缺，从而推高碳价。

9.1.5　碳价影响机制——CCER政策

中国核证碳抵消信用（CCER）政策直接影响着配额的供给，从而对碳价产生影响。具体而言，CCER作为一种市场化激励手段，为参与主体提供了更多的选择和方式。企业不仅可以使用配额，还可以选择使用CCER来履行其减排义务，而这种履约方式通过调整CCER的使用比例，间接地影响了供需关系。

目前，各试点地区的抵消比例在3%~10%，而全国碳市场的抵消比例为5%。抵消信用越充足，市场供给就越充足，在其他条件不变的情况下，碳价就会越低。

举例来说，上海碳市场在2016年将CCER的抵消比例从原来的5%降低到1%，而在2019年又将抵消比例提升至3%。这种抵消比例的调整通过影响市场的供需关系，同时也成为缓解配额价格异常波动的有效手段之一。这个例子典型地展示了通过调整抵消比例来影响市场供需关系的方式，同时也有助于缓解配额价格的异常波动。

9.1.6　碳价影响因素——减排技术

如前文所述，影响碳排放配额需求的因素主要包括企业的产量和减排技术的应用。企业的产量受到宏观经济整体发展水平和企业自身发展状况的影响，而企业的发展又与整体经济状况紧密相连，因此产量的波动相对难以控制。例如，在经济危机时期，宏观经济的下行压力可能会导致整体产量减少，这种减少在碳交易市场中可能会推高碳排放配额的价格。另外，减排技术的应用可以提高企业的能效，降低生产过程中的碳排放，从而减少企业对碳排放配额的需求。这种技术进步有助于降低企业在碳市场中的配额使用量，进而可能对碳价产生稳定或降低的影响。

随着社会的不断发展，减排技术也在不断进步，减排成本不断降低。然而，在碳中和目标持续推进的背景下，减排技术的发展将变得越来越具有挑战性。许多能够简单控制减排量的技术已经得到广泛应用，因此相应的减排成本也会逐渐上升。因此，未来的边际成本将在很大程度上决定长期的碳价走势。

9.1.7　碳价影响因素——其他

碳价的影响因素涵盖了供给、需求以及其他多种因素。

第一，碳市场是一个政策导向的市场，碳价很容易受到政策的影响。政府未来的政策方向以及对总量控制目标的设定都将间接影响市场的交易行为。

第二，碳市场的交易产品种类繁多，如二级市场的存在既有助于促进碳市场价格的发现功能，又有利于促进交易量的增长。

第三，交易制度也对碳价产生影响。交易方式的选择，包括线上交易和线下交易，以及涉及的交易日涨跌幅设置等，都会直接影响到碳价。参与交易的主体，包括控排企业、金融机构或个人投资者，以及市场准入的合规性等因素也是影响碳价的重要因素。

第四，信息披露在碳市场中起着重要作用。企业对相关信息的披露报告是保证碳市场健康运行的有效支撑，有助于确保市场的公开透明，包括节能减排、技术应用以及当前发展状况。此外，政府也能通过企业的信息披露报告更好地制定未来的政策。

第五，企业的决策机制也对碳价产生影响。例如，碳资产管理团队或高层对碳市场交易的态度将影响企业对碳价的敏感程度及其参与碳市场交易的行为。

除了上述因素外，信息不对称、市场垄断、投机热钱、地缘政治、异常天气、石油和天然气价格等因素也会对宏观经济产生影响，进而影响碳价的波动。

9.1.8 碳价影响因素——欧盟碳市场案例

正如前几章所介绍的欧盟碳市场发展情况一样，该市场经历了四个阶段的发展，目前已经成熟并趋于稳定状态。

最初，欧盟碳市场仅覆盖电力、钢铁、水泥、造纸等少数行业，而如今已基本涵盖了所有行业范围。此外，欧盟碳市场的总量目标也在不断调整。最初的配额是免费发放的，而目前的计划是在 2027 年全部实现配额有偿分配，即所有配额都将以拍卖的形式分配给企业。

在 2005 年至今的四个阶段中，欧盟碳市场的配额总量持续收紧。在第一阶段，配额总量设定为 20 亿吨，并保持不变。第二阶段，配额总量仍然维持在 20亿吨左右，实际上每年都是固定的。进入第三阶段至第四阶段时，配额分配方式发生了调整，从固定不变转变为线性递减，目前的线性递减幅度为负。

图 9-2 清晰展现了从 2005 年初至 2022 年初欧盟碳市场碳价的波动情况。在第一阶段，碳市场出现了重大问题，主要表现在配额的使用上。在履约期结束时，配额不能转存至下一期使用，因此企业会选择大量抛售。这导致碳市场供给过剩，碳价在第一阶段结束时接近于零。

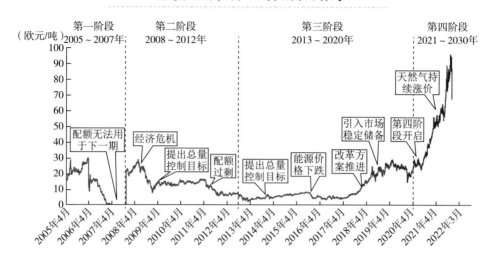

图 9-2　欧盟碳市场的碳价变化情况

资料来源：ICE 期货交易所。

在第二期开始时，欧盟首先调整了配额不能逐年储存的政策，但在第二阶段碳价整体呈下降态势。原因在于第二阶段采取了总量不变的控制政策，这影响了企业对未来经济的预期。尽管在第二阶段初期企业对经济存在一定的乐观预期，但 2008 年金融危机导致许多企业停产，从而导致了企业需求的急剧下降，形成了配额的超发情况。受金融危机的影响，碳价一度跌至 10 欧元/吨以下。尽管在短期内配额逐年减少，但由于总量控制目标的设定，碳价出现了小幅上涨。总体来看，第二期配额仍然存在过剩的情况。

进入第三期时，欧盟碳市场吸取了第二期配额过剩的经验教训，因此调整了配额分配方式为线性递减。在此后的时间里，欧盟碳市场出现了轻微的回暖，尽管碳价没有突破 10 欧元/吨，但整体市场仍然表现低迷。这主要是因为第二期配额过剩，使得部分配额得以储存并在第三阶段继续使用，导致企业手中仍存在大量剩余配额。因此，尽管提出了总量控制目标并逐年递减，但由于企业手中的配额剩余较多，它们可能选择继续在碳市场进行交易，导致市场仍然存在大量活跃的配额，从而使碳价持续低迷。

为了应对这一情况，欧盟碳市场采取了折量拍卖的措施。具体来说，原计划在 2014~2016 年拍卖的 9 亿吨配额被推迟至 2019~2020 年，这一举措并未改变配额的总量。然而，这一举措在 2014~2016 年短期内减少了市场流通的商品量，从而稳定和改善了碳价的走势。

进入第四期后，欧盟推出了市场稳定储备机制。这一举措是为了应对碳市场整体上仍处于大量盈余状态的问题，需要不断调整配额供给，以改变长期过剩的情况。具体方案是：当碳市场中流通交易的配额总量高于 8.33 亿吨，即 12% 的流通配额超过 1 亿吨时，将 12% 的配额从未来的拍卖市场撤回并存入市场稳定储备机制。这将导致未来拍卖量减少，发放的配额总量也相应减少，从而稳定碳价。如果碳价短期内出现大量上涨或市场中流通的配额量不足 1 亿吨的情况，被撤回的配额将重新归入碳市场，以稀释碳价，避免碳价异常增高。

9.1.9　湖北案例

2016 年初，湖北碳市场刚刚试点起步时，政府为了保证履约率，采取了比较宽松的配额政策，导致企业获得的配额总量出现了大量盈余，企业纷纷选择抛售配额。这一举动导致碳市场整体价格从 25 元/吨下跌至接近 10 元/吨。主管部门注意到碳价的异常波动情况，并发布了告知书，呼吁湖北碳市场的所有参与者不要盲目抛售配额，要理性应对，并承诺未来会逐步控制总量。此外，它们还对碳市场价格的涨跌幅度进行了调整，规定每天最多只能跌 1%，以稳定碳市场价格。自发布倡议书以来，碳价出现了回暖趋势。2017~2018 年，主管部门希望加强排放控制，因此配额政策更为严格，市场配额盈余发放较少，整体碳市场价格也逐步上升。

然而，2020 年底湖北碳市场受外部情况影响，预先分配计划被推迟。由于市场中涌入了一些投资机构，预先分配推迟导致企业持有的配额减少，无法及时获取当年需要履约的配额。投资机构借此机会增加了炒作空间，将配额价格从 30 元/吨抬升至近 50 元/吨；而在预先分配完成后，配额价格从 50 元/吨回落至 30 元/吨水平。

9.2　中国碳市场碳价分析

9.2.1　全国碳市场开市

2021 年 7 月 16 日，全国碳市场正式开市，启动仪式在北京、上海和湖北同时举行。该市场的交易中心位于上海，而注册登记中心则设在武汉，首批纳入全国碳市场的行业是电力行业，该行业的排放量在中国的碳排放量中占有重要比重。

全国碳市场开市经历了几个重要时间节点。2021 年 4 月，全国碳市场准备开市，要求企业完成 2020 年排放的线上填报；2021 年 6 月，要求填报企业完成发电行业排放核查；截至 2021 年 9 月底，政府主管部门完成了对发电企业 2019～2020 年度配额的核定；而到了 2021 年底，所有纳入的企业都需要完成配额的清缴履约。

9.2.2 全国碳市场价格走势

在 2021 年 7 月 16 日开盘时，碳市场的开盘价为每吨 48 元，而履约时的收盘价达到每吨 54 元。总体而言，若不考虑碳价的线性波动，从整体趋势来看，碳市场价格呈现上涨态势，具体情况可见图 9-3。

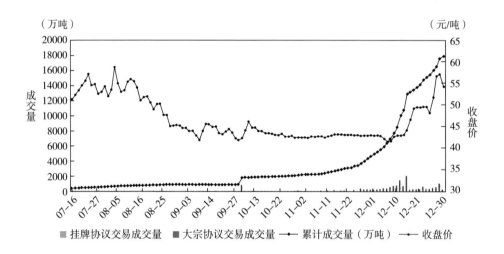

图 9-3　2021 年全国碳市场碳价走势

碳价波动的原因在于，2021 年 7 月 16 日全国碳市场正式开盘交易，其开盘价由主管部门设定为 48 元/吨。这个价格与《2020 年全国碳价调查》中数百位受访者对开市价格的预期平均值（49 元/吨）非常接近，但相比五大电力集团的心理预期价位（20～30 元/吨），明显偏高。

2021 年 8 月，碳市场在经历短暂上涨后开始缩量下跌。同时在月底首次"破发"，整体交易非常冷清，每天成交量仅有几百吨。主要原因在于被纳入的企业并未完全进入碳市场，有些企业甚至还未完成开户工作。

9 月底，主管部门完成了配额发放工作。此时碳市场中产生了一笔大宗交易，主要原因可能是配额发放后，某个集团发现子公司存在大量配额缺口，从而促成了该交易。然而大部分企业仅完成了配额发放工作，对手中的配额量以及排放量仍不确定，导致整体交易情况相对冷清。

10~11 月，碳价波动主要是因为生态环境部作为主管部门，明确了当年可以使用 CCER 进行排放量抵消 5% 以内的履约量。在碳市场刚开始时，企业普遍认为 CCER 不能在全国碳市场中使用，因此 CCER 的交易量非常低。然而，自生态环境部发布通知，明确可以使用 CCER 进行抵消后，其成交量有了大幅度增长，价格稳定在 30 元/吨左右，而碳价也保持在 40 元/吨左右水平。

年末时，由于履约期即将到来，主管部门要求所有被纳入企业在 12 月 31 日前完成履约。许多企业是首次进入碳市场，对自身的配额交易情况以及配额缺口并不清楚，直到年末才意识到存在配额缺口，而此时距离履约期非常近。因此，12 月底的交易活动异常活跃，碳价从 40 元/吨上涨至收盘价 54 元/吨。

截至 2021 年 12 月 31 日，整个碳市场已经累计运行了 114 个交易日，碳排放总成交量达到 1.79 亿吨，累计成交额达到 76 亿元。

9.2.3 全国碳市场大宗交易价格趋势

如图 9-4 所示，该图展示了全国碳市场线上交易和大宗交易（线下）价格的变化趋势。在图中，线上交易的成交均价由实线曲线表示，而大宗交易的成交均价则由虚线曲线表示。从图中可以观察到，在大部分时间里，虚线曲线所代表的大宗交易价格低于实线曲线代表的线上成交价。这种价格差异主要是由于大宗交易的涨跌幅限制设置为 30%，相对于线上交易 10% 的涨跌幅限制，大宗交易的价格波动更为宽松。

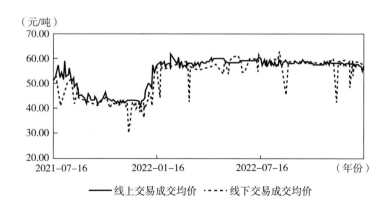

图 9-4　全国碳市场大宗交易、线上交易价格变化趋势

同时，在线上大宗交易中可能存在着总公司与子公司之间的配额调配情况。图中一些价格相对较低的情况可能是由内部交易所导致的。总的来看，累计大宗交易成交量约为 1.4 亿吨，其中挂牌交易成交量仅为 0.3 亿吨，而大宗交易成交额则约为挂牌交易成交额的 4 倍左右。

9.2.4　2022 年全国碳市场碳价走势

如图 9-5 所示，2022 年碳市场整体价格呈现稳定趋势，单价维持在 60 元/吨左右。这一主要原因在于 2021~2022 年第二履约期配额分配方案一直未发布，导致碳市场参与主体缺乏交易动机。由于对未来交易配额分配量存在不确定性，大多数企业处于惜售态度，因此交易活跃度极低。

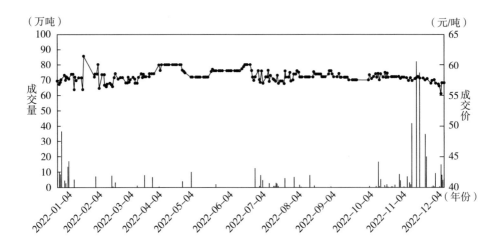

图 9-5　2022 年全国碳市场碳价走势

2022 年 11 月，生态环境部发布了《2021、2022 年度全国碳排放权交易配额总量设定与分配实施方案（发电行业）》（征求意见稿）。该《征求意见稿》明确了第二个履约周期为两年，要求控排企业在 2023 年 12 月 31 日前完成对 2021 年和 2022 年的配额清缴。在这一基础上，配额分配方案的态势变得明确，企业预期也更加清晰。然而，由于目前仍处于征求意见稿阶段，整体碳市场仍然处于不活跃状态。

9.2.5　全国碳市场特点分析

第一是明显的"潮汐现象"。例如，2022 年 12 月爆发了大量交易，而 7~11

月的交易相对平淡。即临近履约期，交易量急速攀升，大约75%的交易发生在履约前一个月。

第二是以大宗交易为主。大宗交易价格不公开、不透明，在整体决策过程中更适合国内国企。许多企业的领导在经过一次交易后，拥有的配额数量便足以完成履约，也不再需要进行后续交易，因此审批流程和管理层决策流程更加清晰，他们会更优先选择大宗交易。

第三是配额整体盈余。根据此前对市场的预估，本次配额分配较宽松，盈余量约为80%，CCER在碳市场中的纳入实际上起到了便于企业进行履约的作用。

第四是企业惜售情况严重。配额分配初期为免费发放，效率较高、配额富余较多的大集团对剩余配额存在惜售心理。出于对未来配额分配不确定性的担忧，即使在配额富余的情况下，它们仍选择继续持有。

第五是CCER价格与碳价"趋同"。2017年国家发改委发布了暂停CCER项目和减排量备案申请的通知，目前尚未恢复。由于CCER来源十分有限，因此CCER在第一个履约周期呈现出稀缺性特征，导致CCER价格逐渐与配额价格"趋同"。

9.3 全国碳市场未来展望

9.3.1 全国碳市场覆盖范围扩大

预计未来全国碳市场的覆盖范围将逐步扩大。目前仅有发电企业被纳入市场，但在"十四五"期间，预计电解铝、水泥、钢铁、化工、造纸等高能耗行业都有望被纳入全国碳市场。

9.3.2 全国碳市场潮汐现象将逐渐减弱

根据试点碳市场的整体经验，在2013年，我国首次发布了企业碳排放履约要求。初期，交易量主要集中在履约周期，占整体交易量的93%。随后，这一比例逐步稳定在50%左右。总体而言，交易量呈逐年上升的趋势，而且交易时间也更加分散，不再集中在一个月的履约周期内。

9.3.3 投资机构和个人有望入市

预计未来全国碳市场的市场主体将更加多元化，会逐步纳入机构投资者、个人投资者、碳资产管理公司和金融机构等非履约企业。这一举措有望提高碳市场的活跃度和碳资产的流动性。试点碳市场已经验证了这一模式的成功。

9.3.4 碳金融衍生品逐步开启

目前，全国碳市场主要以现货交易为主，预计在"十四五"时期将进一步发展，引入更多金融衍生品。借鉴欧盟碳市场的经验，除了现货产品外，还将增加期权、期货等碳排放交易的衍生品。中国证监会已经批准广东期货交易所承担碳排放权期货市场的建设。随着碳期货市场的建立，市场活跃度将显著提升。

9.3.5 全国碳市场长期趋势

对于碳市场价格的长期预期，通过对碳价的调查以及对碳市场企业主管和金融人士的访谈，普遍认为碳价格将逐步上涨。整体预期是到 2025 年时升至 87 元/吨左右，到 2030 年时升至 139 元/吨。

除了这些调查数据外，根据清华大学张希良教授对碳价的预测，第一阶段（2021~2025 年）市场建设是基于强度控制展开的，不设立总量目标，主要控制企业的碳排放强度。在第一阶段将 8 个高耗能工业行业纳入，同时适时引入相应的配额分配比例，预计碳价在 60 元/吨左右。进入第二阶段（2026~2030 年），覆盖范围将逐步扩大，预期全国覆盖率将达到约 70%；同时，发电行业的配额拍卖比例将逐步提高，即提高有偿分配的比例。

9.3.6 推动碳价上涨的可能因素

首先，碳市场的发展呈现出混合型市场的特点。一方面，需要基于企业碳排放强度进行控制；另一方面，则需对所有碳市场企业进行总量控制。预计碳价将会稳步上升，达到 100 元/吨以上的水平。在短期内，配额政策可能会逐渐趋紧。

其次，引入机构投资者，并将推出跨境转让、碳期货、碳期权、碳远期、碳掉期、抵消信用等产品进入碳市场，将使市场更加活跃，但也会导致碳价上涨。另一个短期因素是欧盟碳关税（CBAM），已经通过法案，计划于 2027 年正式实施。该法案要求来自没有减排政策国家的进口产品购买碳配额，将间接促使全球碳市场价格趋同，并对打通全球碳市场起到正向促进作用。此举将取消免费配额，也将导致短期内碳价大幅上涨。

从长期来看，为了实现 2060 碳中和目标以及应对国际减排压力，预计中国碳市场政策的力度将持续增强。在这种背景下，碳价将趋向于反映减排成本，这将成为市场的大势所趋。碳价主要受到减排技术边际成本的影响。随着时间的推移，减排技术的发展进入更为先进的阶段，新技术的研发和应用可能会变得更加困难，从而导致开发成本逐渐增加。这种技术发展的难度和成本上升，可能会推动碳价随之上涨。因此，可以预见，碳价将可能从当前的60元/吨逐渐上升，未来可能会上涨至100元/吨左右。

10 林业碳汇项目开发与地方交易市场分析

本章将全面探讨林业碳汇项目的开发及地方交易市场，深入剖析林业碳汇的发展背景、相关政策与实施举措。以福建和广东两省为具体案例，详细介绍了这两地林业碳汇的经验和成果，并对我国未来林业碳汇的发展方向进行了展望，涵盖以下四个主要方面：

第一部分着重介绍林业碳汇的概念，详细阐述我国 CCER 交易市场的建设进展，对碳汇扶贫和林业碳汇的政策进行了解读。通过全面的政策背景解析，使读者对林业碳汇在国家碳交易体系中的位置和发展前景有清晰的认识。

第二部分重点关注各类林业项目碳汇申报开发的具体条件、法律法规和实施细则。通过介绍申报后的规范流程，提供了在实际操作中的指导原则，使读者能更好地了解项目的可行性和开发流程。

第三部分以福建和广东为代表案例，详细介绍了这两省近年来在林业碳汇市场建设方面的实践经验和总结。通过对地方实践的深入解析，使读者更好地理解不同地域的实际操作和创新点。

第四部分主要对未来我国林业碳汇的发展方向和时间点进行积极展望。通过对国内林业碳汇的前景进行深刻的洞察，更好地把握未来发展趋势，为实际操作提供有益参考。

10.1 林业碳汇背景解析

10.1.1 林业碳汇基本概念

碳汇的概念源远流长，《联合国气候变化框架公约》对其进行了定义，指的是能够降低大气中二氧化碳浓度或吸收大气中二氧化碳的过程、活动或机制。然而，从学术角度看，对碳汇的理解并非局限于此。从理论上来说，任何能够吸收碳的地方，无论是森林、草地、土壤还是海洋，都可以被视为碳汇。

然而，当从碳市场的角度审视时，更加注重的是碳汇的变化或增量，即从无到有的变化。不能简单地因为某地区有湖泊或海洋而认定其为碳汇，因为这并不一定与具体的二氧化碳吸收量直接相关。在碳市场的视角下，对碳汇的定义更加严格，更加注重于碳汇的实际影响力和贡献。

因此，必须减少人为干扰，增加碳汇吸收过程。举例而言，假设某地原本是一片荒地或沙漠，经过人们多年的努力，成功将其改造成茂密森林。这种人工造林创造了新的碳汇，即增加了二氧化碳的吸收量（增量）。相对于原先的荒地状态，这种变化满足了碳汇的定义要求，并因此成为可供交易的碳汇。同样地，若一片原始森林早在几百年前就已存在，且没有受到人为干预而增加其吸收能力，那么就不符合新碳汇的定义。

10.1.2 国际国内主要减排机制

目前，国际和国内主要的减排机制涵盖了众多林业碳汇项目。国际上，主要减排机制下的林业碳汇项目包括清洁发展机制（CDM）下的造林再造林项目、国际核证碳减排（VCS）林业碳汇项目（已更名为 Verra）及黄金标准（GS）林业碳汇项目。

作为国际上的自愿减排体系之一，国际核证碳减排（VCS）林业碳汇项目已经更名为 Verra。它由国际排放贸易协会、科技发展工商理事会等大型国际组织共同发起，是一项自愿减排交易机制。其开发流程和方法学与清洁发展机制和CCER 非常相似。VCS 机制设立了微软秘书处，该秘书处拥有自己的网站和登记注册系统。国内企业如果需要开发，就需要在 VCS 网站上提交申请，按照规定的设计模板和备案方法进行申请和开发。

黄金标准（GS）林业碳汇项目曾是国际上非常流行的自愿减排机制，由几大国际组织共同发起。当时，它主打的是传统清洁发展机制项目，但要求门槛较高，审核评估要求也更为严格，需要进一步打造优质减排项目。在这样的标准下，申请符合黄金标准的减排项目或碳汇项目更具有国际公益效果，相应的审核周期也会更长（一般需要 2~3 年才能完成），价格也会更高（普遍上涨 30% 左右）。

国内主要的减排机制下涉及的林业碳汇项目，如中国温室气体自愿减排交易机制（CCER）林业碳汇项目，沿袭了国际上的清洁发展机制（CDM），并吸收了相应的交易类型，在 CCER 体系内设有专门的林业碳汇项目和方法学。

此外，国内各地方碳市场也纳入了一些林业碳汇项目，如福建省的 FFCER 和广东省的 PHCER 等。许多省份还建立了由林业厅牵头的碳普惠体系，这些地方碳市场中设计了适用的碳汇交易机制。在这种机制下，地方政府层面也能够开发林业碳汇项目，并进行减排和交易。

10.1.3 我国 CCER 交易市场建设进展

我国 CCER 交易市场的建设历程已在前面第五章进行了简要介绍。自 2012 年 6 月颁布《温室气体自愿减排交易管理暂行办法》以来，我国在备案机构、减排机构和备案方法学等方面开展了大量基础性工作。2013 年 10 月，中国自愿减排交易信息平台上线，发布了 CCER 项目审定、备案及签发等相关信息。直至 2017 年 3 月，国家发改委正式发布了暂缓 CCER 备案的公告，整个运行周期约为 5 年。尽管如此，这一举措取得了非常好的效果，备案项目数量接近 3000 个。

我国碳交易试点城市建设 CCER 交易市场的指标情况和相关限制条款，详见前文第五章的表 5-2。从表中可以看出，许多试点城市都将林业碳汇列为可以被接纳和交易的项目，可用于控排企业的履约。因此，林业碳汇项目在一定程度上被视为优质的项目类型，在各企业的碳市场实践中值得优先考虑开发。然而，需要注意的是，尽管林业碳汇项目在国内外备受欢迎，但真正能够开发出成果的项目却寥寥无几，其难度和周期门槛都极高。以 CDM 开发的 8000 个项目为例，林业碳汇项目数量不超过 100 个；而在 CCER 备案的接近 2000 个 C+项目中，真正开发出的林业碳汇项目仅有约 90 个。

10.1.4 林业碳汇类 CCER 项目发展前景

尽管如此，林业碳汇的未来前景也相当乐观。国家主管部门在相关会议中强调，未来林业碳汇有望成为碳市场的主力产品之一，具有很强的生态价值。按照国际说法，林业碳汇属于自然解决方案，而非纯工业解决方案，它能够有效地减少大气中的二氧化碳含量。

未来，国家将重点考虑四类项目：绿水青山类（包括农林及可再生能源项目）、来自生态条件恶劣地区的项目、有利于去产能去库存的项目及高新技术项目。在这些重点项目中，林业碳汇有望获得巨大的发展空间。针对林业碳汇项目，根据新修订的管理办法，项目的开工时间至少要在 2010 年以后（过去要求是 2005 年 2 月 16 日以后开工），并且在规定的年限内完成项目审定。

自 2016 年至今，林业碳汇的推动更多地侧重于生态补偿和扶贫方面。随着碳市场和双碳目标的出现，林业碳汇作为国家碳汇储备的重要资源，关系到国计民生。习近平总书记在多个场合提出要增加中国的碳汇储量，强调中国生态碳库的概念。这不仅对能源储备具有重要意义，也对中国未来的长期可持续发展具有深远影响。在我国先前提出的"1+N"政策体系中，碳达峰的行动方案已经多次强调碳汇概念，并要求专门建立碳汇价值生态补偿机制，这表明未来林业碳汇的地位将非常重要。

10.2 林业碳汇项目申报及开发要点

10.2.1 CCER 项目案例——林业碳汇类

目前的 CCER 项目主要分为两大类型：造林类项目和森林经营类项目。造林类项目类似于在荒地上进行人工造林，而森林经营则是指当地原本已有树林，但生长状况不佳，可以通过补植、补种和抚育等措施来增加森林密度、改善生长状况。这两种情况都符合通过人为干扰来增加碳汇量的要求，满足碳汇减排的标准。

碳汇申报的开发流程可以通过一个简单的案例（针对 CCER 项目）进行展示：

以黑龙江某林业碳汇项目为例，该项目包括两个部分：一是造林项目，总面积为 111.7 万亩，主要种植落叶松和樟子松，项目计入期为 20 年，预计年减排量为 607971 万吨二氧化碳；二是森林经营项目，总面积为 184.3 万亩，涉及森林抚育、补植补造和林冠下造林等活动，计入期为 60 年，预计年减排量为 494526 万吨二氧化碳。

造林项目的减排效果主要取决于项目规模的大小，因为从无到有的变化会带来更多的减排量。在本例中提及的两种项目类型都是百万亩级的项目，才能达到年减排量几十万吨的规模。为了进行简单的估算，一般规定每亩成熟林产生 0.3~0.6 吨的减排量，因此造林项目通常产生 0.5~0.6 吨的减排量，而森林经营项目则一般产生 0.2~0.3 吨的减排量。例如，十万亩的森林每年的减排量为几万吨，这表明自然生态减排过程并没有产生超出预期的效果。

10.2.2　林业碳汇项目申报流程

首先，林业碳汇申报的相关方与 CCER 相似，但其供给方（项目业主）有所不同。林业碳汇的供给方主要是指拥有林地产权或经营权的单位，如林业局下属的森工企业、国有林场、集团林场和造林公司等企事业单位法人，需提供相关的林地产权或经营权证明。与 CCER 相似，需求方（购买方）、第三方审核机构和交易平台也是林业碳汇项目的重要组成部分。需求方包括受配额管控限制的控排企业、自愿减排量购买企业、金融机构、大型赛事论坛活动组办方、碳资产开发公司以及个人。第三方审核机构则包括中国质量认证中心、中环联合（北京）认证中心、中国林业科学院林业科技信息研究所、中国农业科学院等国家备案审核机构。

其次，在审核项目是否符合碳汇主要目的时，首要考虑项目所在地区的情况。项目应选择原本是荒地或者土地退化严重的地区，这些地区缺乏足够的植被。碳汇造林与一般的造林活动有所不同，它指的是在已确定基线的土地上，以增加碳汇为主要目的之一，并对造林及其林分（木）生长过程进行碳汇计量和监测的一种有特殊要求的营造林活动。

最后，需要审查项目是否符合国家对于碳汇项目的适用条件。目前，国家备案的碳汇类方法学共有五种，包括碳汇造林项目方法学、竹子造林碳汇项目方法学、森林经营碳汇项目方法学、可持续草地管理温室气体减排计量与监测方法学及竹林经营碳汇项目方法学。在我国已公示的 97 个林业碳汇项目中，森林经营碳汇类项目有 23 个，竹林经营碳汇类项目有 5 个，碳汇造林类项目有 68 个，竹子造林项目有 1 个。其中，已完成备案的项目共有 15 个。

在碳汇造林项目的开发条件中，需特别注意一些关键要素。首先，项目的前期必须选址于无林地，且产权清晰，具备相关的林权证或土地权属证书。同时，土壤必须符合特定的要求，并且项目不得导致原有农业活动的转移。其次，需要明确的是，并非所有林木都适合种植，而在论证额外性方面，经济林往往会受到专家的质疑。举例来说，诸如苹果、橡胶、棕榈等经济作物，由于其栽种主要出于获取经济价值的目的，而非减少碳排放，因此难以满足方法学的要求。因此，在国内乃至国际上，这类项目的成功较为困难。一般而言，植树造林项目中的主要树种是传统的乔木。

在森林经营碳汇项目的开发条件中，首要考虑的是项目所在的林地必须是人工中幼龄林，而不应是老年成熟林，因为后者缺乏足够的培育空间。此外，土壤质量也必须符合一定标准。针对这类项目的经营措施包括补植补造、树种更替、复壮施肥、防旱排涝等。

在草地碳汇项目的开发条件中，关键在于除非有大面积规模的草地，否则由于其减排碳汇吸收量有限，很难获得足够规模的减排量。此外，与森林项目相比，草地项目的监测审核难度也较大。

在竹林经营碳汇项目的开发条件中，西南地区等适宜种植竹子的地区拥有许多相关项目。具体要求包括不得采用混种型（与乔木和其他森林混种）、项目活动必须在法律规定范围内进行、当地不得属于湿地或有机土壤等。可采取的措施包括促进发笋、改善结构、维护健康和竹种更新调整。

总体而言，碳汇项目的开发也需要遵循CCER项目的开发要求，包括提交项目和减排量备案所需的各类材料，如土地造林批复证明、开工情况证明、苗木购买合同、种树工人聘用合同等。

10.2.3　林业碳汇项目开发流程

林业碳汇项目的开发技术路线通常包括以下几个步骤：首先是进行碳汇资源普查。通常会利用卫星遥感图，结合GPS选择不同的样方和样点进行普查。如果项目计划覆盖百万亩级别的面积，则需要选择合适的布点，逐一测量每个点的碳汇数值。如果业主已经有了资源普查材料，可以减少很多工作量。其次是按照碳汇项目方法学的要求筛选优质的项目资源。根据方法学的要求，需要从造林、森林经营或竹林等方面挑选合适的项目资源规模，并做出最优化的选择。接下来是整体开发方案的设计，需要有序规划，并与专业的开发机构进行合作。然后是选择适合的开发模式，包括收益分成等方面的安排。最后是进行碳汇项目的开发管理，形成碳收益。

整个项目申报流程与CCER相似，包括前期的申报审定、项目备案和实施监测。一般来说，计入期为20年，可根据需要进行更新，最长不超过60年。不同的方法学规定了不同的计入期时间：碳汇造林和森林经营的计入期为20年，可更新至60年；竹子造林的计入期为20年，最长不超过30年。监测频率一般在3~10年（受项目规模、地理位置、树种条件等因素的影响）。

在价格方面，不同机构的报价存在差异，从项目开发、备案整套流程以及双备案流程的角度来看，成本并不低廉。尤其是对于林业碳汇项目而言，很难在一个月内完成，整体工作量和强度都非常大。一般而言，项目的开发成本为三四十万元，因此，成功开展碳汇项目的前提条件之一是选择规模足够大、效益足够高的项目，以确保经济上的划算性。如果企业能够找到合适的合作方、咨询方或投资方，他们愿意在前期垫付项目的开发成本，那么对于项目的业主而言，经济压力将显著减轻，只需在项目后期分享收益即可。

10.2.4　VCS 项目（VREEA 下的一套机制）

核证碳减排标准（Verified Carbon Standard，VCS）于 2005 年由气候组织国际排放贸易协会、世界经济论坛和世界可持续发展工商理事会（WBCSD）共同发起，是世界范围内最广泛应用的碳减排计量标准之一，目前已更名为 Verra。VCS 在民间企业资源减排领域备受认可和欢迎，除了 CDM 以外，是最为重要的减排标准之一。许多大型跨国企业宣布实现碳综合零排放时，都倾向于采用 VCS 减排信用指标来抵销其排放量。

核证标准和方法学大部分基于清洁发展机制（CDM）。此外，VCS 的开发对中国企业非常友好，但对项目类型有较为严格的要求，主要接受中国碳汇类型的可再生能源类项目。

VCS 的开发与 CCER 相似，只是在细节上有所不同。例如，VCS 并没有对项目业主有特别要求，政府和事业单位也可以作为项目代理人申请进行开发。开始年份则要求必须在 5 年内完成，同时项目审定也必须在此周期内完成；计入期最长可达 100 年。对于面积较大的项目更适合开发 VCS，因为其符合国际标准。VCS 对项目设计文件申请等要求较高，对开发机构也要求较高，需要全英文材料，因此，收费标准相对于 CCER 更高。建议选择规模较大的公司进行开发，否则可能会面临收益不足甚至无法收回成本的情况。

VCS 在保护类项目上有具体要求，必须是停止商业采伐的保护类项目。这类项目的目标是减少采伐活动，相对于原先每年需要砍伐的数量，减少的数量相当于对这片森林的保护（需要提供相应的文件证明确实减少了采伐量），从而保护了原本会减少的碳汇量，可以作为碳汇减排的指标。

10.3　地方林业碳汇市场创新实践

10.3.1　福建省林业碳汇建设

福建省林业厅牵头推行的碳汇减排体系依托于福建碳交易市场，由林业厅颁发的抵消办法规范其运作，将林业碳汇作为独立的抵消机制进行设计。主导这一工作的部门是福建省发展和改革委员会下设的省碳交办，而交易活动则在省经济信息中心进行。福建森林碳汇减排指标（FFCER）的设立参照了 CCER 的管理流程作为设计原则，并采用了双重备案的项目备案体系，同时安排了第三方专业审核机构参与审核。首批 FFCER 项目由省林业厅专门拨款，组织了 20 家林业系统单位参与项目的申请和开发。福建林业碳汇项目申请流程如图 10-1 所示。

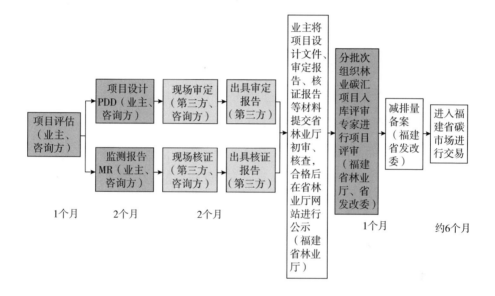

图 10-1 福建林业碳汇项目申请流程

经过几年的发展，截至 2019 年 8 月，福建省的林业碳汇签发量达到了 118 万吨，累计成交量达到了 178.41 万吨，交易活跃，总交易金额达到 2689.43 万元人民币。这为福建省当地的碳市场履约工作做出了巨大贡献。

10.3.2 广东省林业碳汇建设

广东省通过碳普惠的方式鼓励中小企业和小微企业参与量化交易。这一体系旨在促进小微企业、家庭和个人采取节能减碳行动，并鼓励企业通过增加碳汇来减少温室气体排放。然而，在某种程度上，广东省 CCER 产量无法满足整个碳市场抵消机制减排的需求，因此迫切需要建立一套自身的新抵消机制。碳普惠项目减排量（PHCER）可作为替代方案，以满足省内抵消机制的需求。

广东省的林业碳汇建设分为两个主要方向：一是公众生活方向，涵盖了社区个人在节约用水、使用公共交通、参观旅游景点及采用节能低碳产品等方面所产生的碳减排申请。然而，这类申请数量较少，远不能满足碳市场的需求。

重点推进的是另一个：企业项目方向，主要是针对省内批复的碳普惠方法学。该方法学针对生态公益林（森林保护方法学）和商品林（森林经营方法学），并参考 CCER 方法学进行了大幅简化。由于碳普惠属于省级管理，因此在测算公式和项目准入门槛等方面都进行了简化，以方便企业更快速、更便捷地获得减排量签发。此外，通过将原双备案制度改为单备案制度，使项目和减排量可以同时进行备案，从而极大提高了效率。

自 2015 年广东开始实施碳普惠试点至今，已经制定并广泛推广了多种方法。其中最显著的特点是，碳普惠机制的实施产生了良好的宣传效果。甚至在 2018 年，碳普惠项目的价格已经超过了广东省的配额。

10.3.3　其他创新交易模式（一）

中国林业局下属的中国绿色碳汇基金会将农户的减排作为其资金来源之一。该基金会鼓励农户采取森林造林和经营措施，以获得相应的积分。这些积分可以用来获得补助，这一模式是该基金会的创新之举。具体的模式如图 10-2 所示。

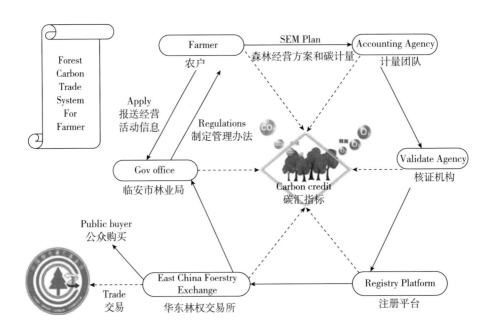

图 10-2　中国绿色碳汇基金会农户森林经营碳汇交易体系

10.3.4 其他创新交易模式（二）

贵州过去曾推行过单株碳汇项目，该项目通过社会公众购买碳汇数量，购买后所获得的碳汇收益将与每个农户对应。这种认领方式类似于动植物保护认领，公众在购买碳汇时可以选择支持特定农户种植的树种所产生的碳汇量。整个模式如图 10-3 所示。

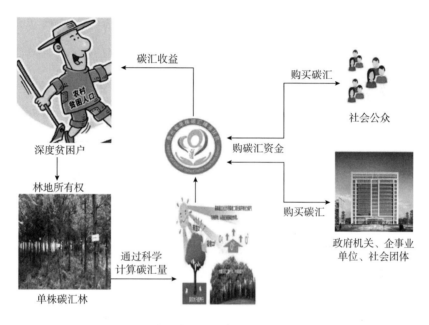

图 10-3 贵州省以前曾推行的单株碳汇项目

10.3.5 其他创新交易模式（三）

在福建顺昌市，当地政府曾成功实施了一系列公益扶贫项目，专注于林业碳汇的量化与交易。这些项目通过采用专业的计算方法，为每个农户负责的林地测定碳汇量，并在顺昌市进行了碳汇备案，同时为农户颁发了相应的证书以证明其碳汇贡献。为了促进碳汇的市场化交易，顺昌市推出了"一元碳汇"小程序。该程序专门展示了每个农户负责的林地每年产生的碳汇量，允许企业直接在平台上购买。当企业通过小程序购买碳汇后，所得资金将直接汇入当地的扶贫基金账户，并最终发放给参与项目的农户，从而支持他们的生计并鼓励可持续的林业管理。

10.3.6 其他创新交易模式（四）

许多国家层面上的大型赛事，包括 2023 年北京冬奥会在内，都提出了零碳排放的要求。此外，航空业也在积极应对碳排放问题。国际上早已提出，在购买机票时，个人可以选择抵消全程飞行产生的碳排放。以海南航空公司为例，其购票系统内设有零碳飞行模块，鼓励旅客在购票时一并购买碳汇减排量，以抵扣飞行所产生的二氧化碳排放。从航空公司的角度来看，它们会定期购买相应的碳汇量，用以抵消一年内所有航班的乘客排放量，并投入公益项目。

10.4 国内林业碳汇发展趋势展望

林业碳汇为人们提供了两个方面的建议或思考：一方面是碳汇本身，另一方面是相关项目或产品，作为优质产品，它既能够实现减排，又能够带来生态效益。未来，无论是作为生态产品还是减排产品，林业碳汇都将具备非常好的市场发展前景。经济效益、生态效应及减排效应都是碳汇产业未来发展的关键方向。

随着政策和研究的不断深入，碳汇产品交易可能会发展成为一个综合性的交易产品：既能销售碳减排量，也能销售生态价值，同时还能提供与经济相关的其他产品，这将是一个具有发展前景的体系。

从国家的角度来看，绿水青山就是金山银山，如何将自然生态价值转化为经济财富的途径逐渐明确。例如，国家在 2007 年提出的《大型活动碳中和实施指南（试行）》，除了要求企业减排外，未来还将鼓励各种活动、会议和赛事等方面的碳排放减量。实际上，国家鼓励并倡导采购碳汇以抵消大型活动的碳排放量，这也是未来发展的趋势。

福建省进行了将司法与碳汇结合的尝试。2022 年 3 月，福建发生了一起涉及生态砍伐森林的法律案件。福建省顺昌县在此次事件中采取了一项创新举措：不直接对违法人员罚款，而是将其罚金改为购买"一元碳汇"小程序中的碳汇量，以公益替代性修复的方式替代直接罚款。考虑到这是一起对生态环境造成破坏的违法行为，对其的要求应是进行生态修复和补偿。随后，内蒙古等地也相继采取了类似的生态补偿和修复措施。

无论在国际还是在国内，林业碳汇都是一个非常好的选择。在国际上，林业碳汇被视为自然解决方案，既可以减少传统工业排放，也符合未来的发展趋势。在国内，国家领导人多次强调林业碳汇在生态文明建设中的重要作用。未来，碳中和需求将急剧增加，形式也将更加多样化。林业碳汇不仅仅局限于 CCER，还有多种减排机制可满足林业碳汇的交易需求。除了林业价值，碳交易还有生态产品价值、经济价值以及更多潜在价值可以挖掘。

11　企业 ESG 投资评价与气候相关信息披露

近年来，全球面临气候变暖、环境污染和碳排放等挑战，这推动企业逐步采纳可持续发展战略，并披露与环境、社会和治理（ESG）相关的信息。自 1992 年起，联合国环境规划署便鼓励金融机构将 ESG 因素纳入业务决策，引发了众多非政府组织和第三方机构对 ESG 理念和信息披露规范的推广。全球各交易所也发布了 ESG 信息披露的指南和制度。中国沪深证交所于 2006 年和 2008 年发布了信息披露的指导性文件，2018 年，中国证监会首次要求上市公司披露环境、社会和公司治理信息，标志着我国企业商业模式和管理理念的转变，强调了以利益相关者为导向的管理理念。

本章将结合 ESG（环境、社会、治理）和 TCFD（气候相关金融披露）相关知识，探讨它们与气候相关信息披露的关系。涉及的内容可分为以下五个部分：第一部分为 ESG 的基本认识，将介绍 ESG 的基本概念和发展历史，帮助读者全面了解 ESG 在企业管理中的重要性。第二部分是企业进行 ESG 信息披露的原因。主要介绍了与 ESG 相关的国内外政策、评级系统以及与供应链的关系等因素，同时列举了一些企业的优秀案例，以便读者更好地理解 ESG 信息披露的动机和意义。第三部分是与气候相关的信息披露概念，将详细讲解 TCFD 的成立背景及其在全球范围内的政策影响，帮助读者理解气候相关信息披露的背景和重要性。第四部分是与气候相关的信息披露要点，将解读 TCFD 官方指引文件和欧盟最新的 CSRD 法案，帮助读者了解气候相关信息披露的核心内容和要点。第五部分是 ESG、TCFD 展望，将阐述 ESG 与双碳目标的关系，探讨企业在 TCFD 方面的探索和未来展望，帮助读者对 ESG 和 TCFD 未来的发展趋势有所了解。

11.1　ESG 的基本情况

11.1.1　ESG 的概念

从定义来看，ESG 是 Environmental（环境）、Social（社会）和 Governance（治理）三个英文单词的首字母缩写。它是近年来金融市场兴起的重要投资理念和企业行动指南，也是可持续发展理念在金融市场和微观企业层面的具体体现。近年来，ESG 已经成为一种全球关注的评估体系和投资理念。本质上，ESG 是衡量企业非财务绩效表现的一种评级手段，反映了企业可持续发展的价值观念。

对 ESG 三个层面的解读分析如下：

首先是环境（Environment）。环境层面涵盖了气候变化、能源有效利用、垃圾污染处理、稀缺资源规划等方面。主要指标包括温室气体排放量、大气污染物排放量、能源消耗量、水资源消耗量、其他资源消耗量、减排目标及措施等。对于控排企业或高耗能企业而言，在环境议题的披露尤为重要。其报告内容不仅涵盖了范围一、二、三和双碳相关的披露，还包括垃圾污染、危废排放、有毒有害气体排放、水资源使用情况等方面的内容。

其次是社会（Social）。社会层面涵盖了员工健康与安全、利益相关方考量、人员结构、劳动力和供应链等方面。主要指标包括雇佣员工情况、员工健康与安全情况、员工培训情况、绿色供应链措施、社区投资贡献内容等。这些指标更加偏向于评估企业在社会层面的价值，也是一种相对客观的考量制度。

特别对于那些涉及经营生产的企业（如矿山、矿井、石油化工等），安全因素的影响尤为重要。因此，衡量企业是否建立了安全保障措施，包括但不限于事前培训、事中保障等，也属于社会层面的价值。此外，企业的工会、基金会等对员工基本权益的保障也是重要的一环。

最后是治理（Governance）。治理可被理解为公司的整体架构，包括董事会是否设立专门针对 ESG、气候相关议题的委员会；内部管理层级设置情况，例如是否设立专门委员会评估 ESG 综合表现，或将 ESG 维度纳入薪酬体系，甚至与高管的绩效和薪酬挂钩等。此外，涉及投资方面，也会评估非独立董事的比例、男女比例、股东大会参与度、表决意向等与公司治理相关的内容。

11.1.2　ESG 的发展历史

ESG 的概念最早可追溯至 18 世纪，起源于宗教道德伦理对投资的影响，类似于如今的负面清单形式。当时，投资者基于自身的道德和宗教信仰，避免投资于与 ESG 理念背道而驰的行业，如酒精、烟草、赌博和武器等行业。

20 世纪 60 年代，资产管理行业开始初现 ESG 的雏形，虽然当时主要关注强调劳工权益、消除种族歧视、促进性别平等和保护环境等方面。90 年代之后，越来越多的投资者开始在投资策略中考虑 ESG 带来的价值，强调 ESG 投入后对企业未来投资回报和风险规避的潜在影响，认识到这一点不仅有助于慈善事业，更能为企业发展带来实质性的价值。

2006 年，联合国环境规划署金融倡议（UNEP Finance Initiative）和联合国全球契约（UN Global Compact）合作发起了投资者倡议 PRI-负责任投资原则。该倡议首次提出了 ESG 理念和评价体系，鼓励各机构成员将 ESG 纳入公司经营中，以降低风险、提高投资价值并创造长期收益。

ESG 投资的兴起代表着各国积极践行可持续发展理念，并成为推动社会经济绿色健康发展的重要手段。在发达国家的资本市场，ESG 理念已经得到了广泛的发展和应用，包括将 ESG 理念融入投资决策、企业实践 ESG 并披露相关信息，以及第三方机构对企业 ESG 绩效进行评级等。然而，在发展中国家，ESG 投资仍处于初级阶段，有待进一步推广和完善。

同时，ESG 投资也成为学术界研究的热点之一。作为 ESG 理念在实践应用过程中的关键环节之一，ESG 投资在投资过程中考虑环境、社会和治理因素，努力实现财务和社会双重目标。然而，由于 ESG 投资具有动机复杂、行为影响因素众多及作用结果广泛等特点，导致相关研究存在一定的挑战和难度。

过去的研究虽然涉及 ESG 投资的动机、行为影响因素和作用结果，但由于非财务动机的多样性、投资行为的异质性，以及作用结果的广泛性，研究结果存在片面性、重复性或细微的分歧。此外，现有研究之间似乎缺乏连接，没有形成统一的整体框架，不利于初学者理解和吸收 ESG 投资领域的知识。

为此，王珊珊和胡春玲（2024）提出了一个关于 ESG 投资动机、行为和作用结果的综合模型，旨在整合投资者选择 ESG 投资的动机、投资行为的异质性以及 ESG 投资的结果。该模型的建立有助于推动 ESG 投资相关研究的发展，促进学者之间的持续对话，为企业、ESG 投资经理和政府提供参考和指导。

与传统投资相比，ESG（环境、社会和治理）投资行为的动机更为复杂，这一点引发了学术界对其探索的持续热情。ESG 投资因其非财务目标备受赞誉，但一开始，学者们对其是否明智存在质疑。相对于追求财务绩效，人们认为 ESG 投资者更关心道德、社会等非财务目标。这种观点认为，ESG 投资可能以牺牲部分投资回报为代价来追求原则。

随着对 ESG 投资动机的研究不断丰富，学者们开始对其非财务动机提出质疑。有研究指出，ESG 投资者并非仅仅出于道德或社会目标而接受非最优的财务绩效；相反，他们可能认为 ESG 投资在财务回报上优于甚至等同于传统投资。

在实际案例分析中，一些研究发现，传统高效投资组合与弱绿色投资组合的预期回报并无太大差异，从而验证了 ESG 投资在财务回报上的竞争力。

随着时代的发展，一些研究者认为，投资者选择 ESG 投资首先是出于获取投资绩效的动机，然后才是出于道德等非财务动机。因此，人们逐渐认识到 ESG 投资的动机既包括财务动机也包括非财务动机，并不能简单地将二者对立起来，而是应该理解为在追求良好财务绩效的同时也追求社会回报。

最后，ESG 投资者的非财务动机类型多样，涉及范围广泛，这直接导致了 ESG 投资者的异质性。通过对 ESG 投资动机的多维度分析，可以更全面地理解 ESG 投资行为背后的复杂因素，为投资者、企业和政策制定者提供更有效的指导和决策支持。

ESG 投资者的特征已成为学者们广泛研究的对象，其中包括年龄、性别、教育程度等方面，研究结论较为一致。年轻投资者相对于其他群体更有可能选择 ESG 投资，而女性投资者和受过良好教育的投资者也更倾向于 ESG 投资。

有研究发现，女性投资者比男性更青睐 ESG 投资，并且其投资组合中的 ESG 投资比例更高。同时，受教育程度较高的投资者更有可能选择 ESG 投资。这一结论也延伸到了机构投资者领域，即女性年轻董事和受过良好教育的董事越多的企业，对 ESG 的投资也越多。因此，企业可以通过增加年轻女性和高学历董事的数量来丰富董事会构成，从而更加重视企业的 ESG 发展。

此外，投资者的投资期限长短与其 ESG 投资偏好之间存在着重要联系。长期投资者更有动力监督企业的 ESG 活动，以确保为股东创造价值。研究表明，长期投资者倾向于通过降低现金流的风险来增加股东价值。长期投资机构被进一步分为主动性和被动型，其中主动型长期机构投资者对 ESG 投资有积极影响，而被动型长期机构投资者对 ESG 投资影响不大。这些研究为 ESG 投资领域提供了重要的参考价值，进一步推动了 ESG 投资的发展和应用。

不同国家的文化和意识形态在"无形"中对投资者的决策产生重要影响，

特别是在 ESG（环境、社会和治理）投资中。由于环境和可持续发展问题在 ESG 投资中占据较大比例，因此成为研究的重点。

随着股市中投资者环保意识的不断提升，企业的行为受到了广泛的监督。投资者开始抵制那些对生态环境有害的企业，这一趋势逐年增长；相反，积极践行 ESG 理念的企业则受到了投资者的青睐。研究表明，当一个国家的文化中体现出对环境安全等问题的重视时，该国的投资者也会更加关注这些问题。投资者的社会责任感与其选择 ESG 投资的决策密切相关。研究显示，具有社会责任感的投资者比传统投资者更注重道德，并且会更坚定地遵循自己的原则。因此，当 ESG 投资符合具有社会责任感的投资者的价值观时，他们会毫不犹豫地选择 ESG 投资，即使这可能会牺牲一定的财务绩效。这与之前对投资者非财务动机的研究结果一致。

由此可见，文化和意识形态对 ESG 投资决策具有重要影响，这也说明了在不同国家和地区，ESG 投资的受欢迎程度可能存在差异，需要考虑当地的文化和价值观。

ESG 投资的兴起得益于国家政策的引导、行业内的竞争以及大众媒体的监督。为了解决社会、环境和经济等问题，推动国家可持续发展，各国相继出台了相关政策和法规，以鼓励和规范 ESG 投资行业的发展。国际组织也发布了 ESG 信息披露指南，进一步推动了 ESG 投资的发展。

这些政策和法规的出台使得 ESG 投资市场更加规范和有序。企业被鼓励积极开展 ESG 相关活动，并自愿进行 ESG 披露和发布可持续发展报告，或者通过第三方机构进行 ESG 评级。研究表明，企业的可持续发展报告向投资者传达了积极的信号，影响了 ESG 投资者的决策。此外，企业的 ESG 信息披露与其财务绩效密切相关，能够吸引具有 ESG 偏好的投资者，从而影响其财务表现。

尽管 ESG 披露和评级为投资者带来了诸多便利，但也存在一些问题，如披露信息的准确性、企业可能进行的"漂绿"以及评级标准的不统一等。未来的研究可以继续探索解决这些问题的方法。

除了政府力量的监管外，非政府力量的监督也至关重要。研究表明，当企业受到媒体高度关注时，自愿进行 ESG 信息披露对企业财务绩效的影响更为明显。ESG 投资可以提升企业的商誉和塑造正面企业形象，而媒体的关注则有助于将积极信息传递给公众，进一步提高企业的 ESG 投资水平。在数字媒体时代，大众媒体不仅扮演着监督者的角色，更在一定程度上引导着社会的发展方向，对公众观念和意识的塑造起到了积极作用。

企业内部特征在很大程度上影响着 ESG（环境、社会和治理）投资的决策。已有研究对企业规模与 ESG 投资水平之间的关系进行了探讨，但得出的结论不一。有学者认为，企业规模与 ESG 投资水平呈正相关关系，即规模越大的企业越倾向于进行 ESG 投资。然而，也有研究指出，小企业更注重社会责任感，因此更倾向于进行 ESG 投资以提升竞争优势。

董事会作为企业的核心组成部分，其特征与企业的 ESG 投资水平密切相关。研究表明，董事会的规模、外部董事比例以及女性董事的比例都会影响企业的 ESG 投资选择。此外，高管的社会人口因素和薪酬结构也对企业的 ESG 投资绩效产生影响。根据利益相关者理论，当高管与 ESG 投资存在利益相关时，他们会更加重视 ESG 在投资组合中的比例，以实现利益相关者的共同利益最大化。

企业内部特征的不同会导致其 ESG 投资决策的差异，因此在制定 ESG 投资战略时，企业应该综合考虑自身规模、董事会构成、高管特征等因素，以确保 ESG 投资能够有效地推动企业的可持续发展，实现长期利益最大化。

ESG（环境、社会和治理）投资的兴起不仅在各国迅速蔓延，更是对投资者、企业以及国家各方面产生了深远的影响。从个体投资者的角度来看，ESG 投资不仅能够带来与传统投资组合相媲美的财务绩效，还有助于有效规避投资风险，展现了个人对社会责任的关注。在企业层面，ESG 投资推动着企业进行 ESG 改革与创新，有助于降低生产成本，提升财务绩效，获取可持续的竞争优势，同时也有助于树立良好的企业形象，增强品牌价值，使企业在行业中获得积极的竞争地位。而在国家层面，ESG 投资的活跃不仅促进了资本市场的繁荣，有效推动了国家经济的增长，同时也顺应了时代的发展潮流，促进了社会的和谐与稳定，增强了公众的社会意识，推动了各国可持续发展进程。

这些证据表明，ESG 投资的影响不仅局限于投资者、企业和国家的单一领域，而是在全球范围内产生了深远而积极的影响。随着 ESG 投资理念的不断普及和深化，相信其对于社会、环境和经济的积极作用将会得到更广泛的认可和实践。

11.1.3 企业 ESG 绩效

企业在当今社会中不仅被要求追求利润最大化，还必须关注其在环境、社会和治理方面的表现，这构成了 ESG（环境、社会与治理）绩效的核心。企业社会责任的信号传递效应使得积极履行社会责任成为企业维护形象和提升声誉的关键手段。同时，随着信息的快速传播，公众和监管机构对企业的环境表现也越来越关注，这加强了企业改善 ESG 绩效的动力。本部分将探讨塑料信用政策对企业 ESG 绩效的影响，以及在推动企业可持续发展方面的作用。

塑料污染已成为全球面临的重大环境挑战之一，它严重影响着生态系统和人类健康。塑料信用政策作为应对这一问题的新型政策工具，旨在减少塑料使用量并推动塑料循环经济的发展。该政策鼓励企业通过购买塑料信用额度来抵消其塑料足迹，同时奖励那些大规模清除环境中塑料垃圾的企业。这一政策旨在平衡塑料使用和环境保护之间的关系，推动塑料行业向可持续发展方向转变。

塑料信用政策的实施促使企业更加关注其 ESG 绩效。环境方面，在当今环境经济学框架下，企业的环境表现不再被简单地视为一种负担，而被视为一种投资，这种投资能够在未来带来诸多经济回报，如节约成本、降低风险、提升品牌价值和扩大市场份额等。在这一背景下，塑料信用政策的出现对企业的环境绩效提出了实质性要求。

首先，塑料信用政策要求企业通过购买塑料信用额度来补偿或抵消其计划生产所需的塑料足迹，以提升企业的环境绩效。这一政策措施使得企业对塑料的使用产生了内部成本或者收益，从而激励了企业在全球范围内控制塑料的使用量。因此，塑料信用政策在理论上是一种通过内化外部性的方式来促进环境保护的措施，为企业提供了激励，使其更加注重塑料使用的合理性和环保性。

其次，塑料信用政策还可以显著提高重污染企业的绿色发展效率，进而促进其绿色转型。通过购买塑料信用额度，重污染企业可以在一定程度上弥补其在塑料使用方面的不足，降低其环境负面影响，加速向绿色生产方式的转变。这种政策措施为重污染企业提供了一种便捷的途径来改善环境绩效，有助于它们逐步摆脱高耗能、高排放的生产模式，实现可持续发展。

然而，需要注意的是，塑料信用政策仅是减少企业塑料用量的一种补充方式，而非主要方式。企业应该主动参与全链条的塑料环境治理，特别是在源头减少塑料用量、合理回收利用末端塑料产品等方面，促进塑料循环经济的发展，从而真正提升其环境绩效。塑料信用政策的出现，虽然为企业提供了一定程度上的经济激励，但最终的环境治理还需企业积极主动地参与和推动。

在社会方面，政府制度在耦合企业内部治理机制与外部约束机制方面提供了有益的思路，以解决企业履责动力不足的问题。在这一框架下，塑料信用政策作为推动企业履行社会责任的重要外部动力之一，发挥着关键作用。根据社会契约理论，国家在企业环境责任层面制定的法律制度属于显性契约范畴，具有正式的、有法律约束力的规范，违反者将受到相关规则的制裁。因此，塑料信用政策通过具体规定塑料信用认证和交易，迫使企业将塑料用量控制在法律范围内，强化了企业生产活动对环境产生负外部性的严格控制，进而促进企业积极履行社会责任。

斯塔克曼和弗里曼的利益相关者理论强调了企业不仅对股东负责，还应对其他利益相关方负责，包括员工、客户、供应商、社区以及环境等。塑料信用政策在实践中被纳入企业的生产经营活动中，推动企业履行社会责任和环境责任。环境完整性原则要求企业通过控制塑料使用量和改进回收流程等措施来保护环境，而社会发展原则则要求企业承担对社会和其他利益相关者的责任。这两项原则共同促使企业领导者积极履行环境责任，支持塑料回收经济的发展，努力创建可持续共生的商业生态系统，从而提高社会绩效。

所以，塑料信用政策在社会层面的作用体现在强化了企业的社会责任意识和环境责任承诺，并通过约束性措施促使企业在生产经营活动中更加注重社会和环境的影响，实现了利益相关方的利益最大化，推动了企业社会绩效的提升。

在公司治理方面，从企业角度来看，它面临塑料交易成本的约束，如果保持生产技术和现有生产方式不变，购买塑料信用来抵消塑料足迹将导致企业利润损失、市场竞争力下降。在这种情况下，为了最大化目标，管理者会引导企业向绿色发展转型，减少塑料用量，以满足有限的塑料信用配额，并从超额配额交易中获益，从而促进企业的可持续发展。根据代理理论，所有者与经营者之间存在信息不对称问题，而良好的公司治理机制是确保管理层行为与股东利益相一致的关键。在塑料信用政策的背景下，促进股东与管理层利益的协同发展可以改善公司的内部治理结构，使企业能够更积极地响应塑料市场政策的号召，并在内部树立绿色发展的价值观。同时，高水平的环境监管压力将促使企业积极改进 ESG 信息披露，调整绿色发展战略，有效地接收环境监管发出的信号，发挥 ESG 的协同作用。

从产业结构的角度来看，污染密集型产业通常会消耗过多的资源，产生大量的环境污染物。在没有外部强制性环境政策的情况下，企业往往忽视环境成本。然而，塑料信用政策将企业的关注点放在环境维度，并通过政策导向刺激企业进行绿色技术创新，这有助于在保证企业生产的前提下，有效减少环境污染并降低成本。尽管绿色技术创新可能会增加企业的研发支出，但它也能够有效控制生产过程中的塑料用量，提高企业的生产效率，从而优化治理绩效。

综上所述，塑料信用政策的实施促使企业更加关注其 ESG 绩效。在环境方面，企业需要通过降低塑料使用量来满足塑料信用政策的要求，这有助于改善企业的环境绩效。在社会方面，企业积极参与塑料回收和清除工作，以获取塑料信用额度，这有助于提升企业的社会责任形象。在公司治理方面，企业需要建立更加透明和规范的管理制度，以确保塑料信用政策的有效执行，从而提高公司治理水平。这些举措有助于企业实现长期的可持续发展，同时也为社会和环境带来了积极的影响。

随着塑料信用政策的不断完善和推广，相信企业的 ESG 绩效将得到进一步提升，从而为建设更加美好的未来贡献力量。

11.2　企业进行 ESG 披露的原因

11.2.1　ESG 信息披露的国际政策

在国际社会的 ESG 信息披露进程中，一些国家如美国（2010 年）、南非（2003 年）和印度（2009 年）较早开始采取行动。这些国家在不同的监管领域内对 ESG 信息披露提出了要求，并制定了相应的规则。例如，美国在 2010 年开始要求企业披露 ESG 相关信息。到了 2022 年 3 月，美国证券交易委员会（SEC）进一步加强了这一要求，提出了更为具体的气候相关风险披露规定。根据 SEC 的新规定，到 2025 年，所有在美国上市的企业都将被要求强制性披露与气候相关的信息。

南非作为非洲最发达的国家之一，在环境、社会和公司治理（ESG）信息披露方面走在前列。早在 2003 年，南非就已在其《国家企业管制报告守则》中对 ESG 做出了明确的披露要求。印度也于 2009 年对市值前 1000 的企业提出了 ESG 信息披露的要求。巴西在 2006 年、新加坡在 2012 年分别提出了"不遵守就解释"的披露政策，即实行了一种强制披露制度。在这种制度下，如果企业未能按时披露 ESG 信息，通常意味着在 ESG 方面的数据存在缺失或不足。此外，许多国家不仅通过立法制定了 ESG 信息披露的法律框架，还提供了后续的指南和手册，以指导企业如何满足这些披露要求。

尽管英国和欧盟没有要求所有企业进行强制性披露，但也针对达到指定营业额和员工人数的企业实施了强制性 ESG 报告要求。英国要求营业额超过 5 亿英镑或者雇员人数超过 500 人的大型企业（通常已经达到上市公司规模）进行强制性披露。欧盟规定满足超过 250 名员工、营业额超过 4000 万欧元或总资产超过

2000 万欧元其中两项要求的企业进行 ESG 信息披露。

11.2.2　国内有关 ESG 信息披露的政策

为实现"碳中和"和"碳达峰"目标，建立绿色低碳循环经济体系至关重要。ESG 评级已成为综合评估企业可持续发展能力的利器，不仅有助于公司改善信息披露和内部风险管理，还为投资者和公司的决策制定提供了支持。近年来，ESG 评级和信息披露备受学术界和商业界关注，企业不仅需要提升生产力和盈利能力，还需承担社会和环境可持续性的责任，实施良好的公司治理，并与社会和环境保持密切联系。

ESG 在中国最早源自社会对"E"（环境）的关注。从我国下决心治理雾霾，到开展企业环境评价，再到习近平总书记提出"绿水青山就是金山银山"的理念，自 2003 年开始，ESG 体系逐渐形成。立法方面，国家环保总局规定，纳入严重污染名单的企业需定期披露，这是非强制性、定期的信息披露。

2008 年 1 月，国资委提出《关于中央企业履行社会责任的指导意见》，要求企业建立社会责任报告制度，有条件的企业要定期发布社会责任报告或可持续发展报告。同年 5 月，上海证券交易所要求企业定期披露社会责任报告，但未明确具体内容框架。2015 年，香港交易所率先倡导上市公司披露 ESG 信息，并提供指引。

2016 年，中国人民银行等 7 个部委发布《关于构建绿色金融体系的指导意见》，要求逐步建立完善上市公司信息披露制度。2018 年 9 月，证监会牵头确定了上市公司 ESG 信息披露框架；2019 年 5 月，香港地区首次提出"不遵守就解释"原则，强制上市公司披露 ESG 报告。

2020 年，深圳证券交易所明确将 ESG 披露纳入企业考核范围。随后，生态环境部发布《企业环境信息依法披露管理办法》，界定了披露主体范围、时间和内容；2022 年 1 月开始对报告规范性提出要求。

目前，港交所已实现 ESG 强制披露，对央企控股的上市公司而言，国资委下属企业被要求在 2023 年前完成报告披露全覆盖。

尽管 ESG 信息在投资决策和风险管理中的应用日益广泛，但在中国，ESG 投资仍处于起步阶段，相关研究相对不足。为了解决绿色经济资金不足的问题，绿色金融为 ESG 投资提供了有力支持，特别是绿色债券作为关键的金融工具，推动了低碳经济的发展。尽管中国绿色债券市场近年受到新冠疫情的影响，出现了一定程度的回落，但仍保持着历史最高水平。

Wang 等（2023）对中国绿色债券市场进行了探索性研究，对自 2016 年以来发行绿色债券的中国上市公司的数据进行了深入分析，旨在探讨 ESG 实践和信息披露对绿色债券发行的影响。该研究的核心目标在于了解投资者对公司 ESG 活动的认可程度，尤其是对那些负责任和可持续发展的公司。为了实现这一目标，研究采用了绿色债券发行作为一种衡量投资者对公司可持续活动认可程度的方法，并将 ESG 以及信息披露的文献与绿色债券发行的相关文献有机地结合起来，以探讨中国上市公司的 ESG 表现和信息披露情况与 2016~2021 年的绿色债券发行之间的相互关系。

研究结果强调了 ESG 实践对公司发行绿色债券的积极影响，特别是在增加发行可能性方面。然而，在考虑绿色债券的规模时，信息披露显得比 ESG 绩效更为关键。针对 ESG 的三个维度，即环境（E）、社会（S）和公司治理（G），都对公司发行绿色债券产生了正向影响。然而值得注意的是，在综合考虑 ESG 绩效的影响时，社会维度的评分对绿色债券的发行存在着负面影响，这表明一些上市公司可能将不发行债券作为其对社会责任的一种特殊表现。

该研究凸显了在新兴市场，尤其是中国，对于 ESG 绩效与绿色债券发行之间关系的学术研究的重要性。研究结果显示，ESG 绩效与绿色债券的发行呈现正向相关，凸显了可持续实践在推动绿色金融方面的积极作用。此外，信息披露对 ESG 评级和绿色债券发行之间关系的影响也不容忽视，第三方机构认证的信息披露对 ESG 评级产生了积极影响。

Wang 等（2023）的研究与以往研究的不同之处在于，其一个重要发现是，优秀的 ESG 绩效不仅增加了绿色债券发行的可能性，还提升了市场估值。环境和公司治理因素对企业发行绿色债券方面的影响更为显著，而信息披露在改善 ESG 评级和绿色债券发行方面发挥了关键作用。这一发现对于管理者和政策制定者具有重要意义，引发了深刻思考。

从管理者的角度来看，这项研究的结果鼓励管理者将时间和资源投入到长期的 ESG 实践中，将 ESG 视为一种投资而非支出。通过考虑不同市场的社会和环境需求、法规要求以及利益相关者的期望，管理者可以提升公司的竞争能力和长期的财务表现。同时，公司战略的制定应该综合考虑环境、社会和治理因素，以增强公司的声誉和信誉，从而在市场上获得更高的合规性。

在政策层面，政府和监管机构应该鼓励企业采用最佳的 ESG 实践，以吸引更多企业采取和实施先进的环境、社会和治理措施。此外，政策制定者可以引导商业银行支持 ESG 绩效较好的企业和项目，减少对 ESG 表现较差企业的贷款，从而推动绿色金融的发展。在加强信息披露方面，建立与环境和社会责任相关的强制披露制度，以合理引导市场预期，有助于塑造良好的商业环境。

总的来说，该研究提供了有力的证据，为我们深入理解 ESG 实践与绿色债券发行之间的关系，同时也为中国的生态文明建设和绿色金融发展提出了重要的建议。加强 ESG 信息披露制度建设、推动 ESG 评级体系标准的完善，这些措施对于提高市场透明度和促进投资者对社会责任和绿色指数的关注至关重要。这些做法不仅有助于实现资本市场的良性循环，也是推动中国的绿色融资和可持续发展的关键因素。中国绿色债券市场的潜力和发展前景被强调，要求我们加强监管和标准制定，确保市场的健康有序发展。通过这些措施，可以促进可持续金融的实践，并加强企业对社会责任的承担。随着绿色债券市场的不断成熟和发展，它不仅代表了对环保和可持续发展的支持，还具备巨大的经济和环境效益。中国的绿色债券市场有望在全球可持续金融领域发挥更大的作用。为实现这一目标，需要政府、监管机构和企业共同努力，确保市场的透明度和合规性，共同推动绿色金融不断壮大和深化。

11.2.3 国际 ESG 评级体系

为了衡量上市公司的 ESG 基准，ESG 评价体系和 ESG 评级机构应运而生。海外投资机构在此方面的兴起较早，因此 ESG 评级机构较多，评价体系也较为成熟。ESG 评级通常基于 UN PRI 提出的 ESG 核心概念构建基本框架，同时根据评级机构自身对 ESG 价值观的理解，参考主流的 ESG 披露机制进行细节设计，最终形成各具特色的 ESG 评价。表 11-1 展示了当前国际社会上主流的 ESG 评级体系。

表 11-1 国际主流的 ESG 评级体系

机构	明晟指数	汤森路透	晨星	CDP
评价维度	综合性的 ESG 评级，评级维度全面覆盖环境、社会和公司治理	综合性的 ESG 评级，评级维度全面覆盖环境、社会和公司治理	用风险评级来取代全面性评级	侧重从环境维度进行评价，依企业情况设计包括气候变化、水安全与森林保护三方面的问卷
指标设定情况	10 个主题，37 个关键指标	10 个领域，178 个指标	三个模块，两个维度	设置气候变化、水安全与森林保护三方面的问卷

机构	明晟指数	汤森路透	晨星	CDP
数据源	学术，政府，非政府组织数据库（如透明国际、世界银行）的细分领域或地理范围的宏观数据；公司披露（财务报告，可持续发展报告，公告）；政府数据库、600多家媒体以及其他与特定公司有关的利益相关方资源	上市公司年报、公司官方网站、非政府组织（NGO）网站、证券交易所文件、企业社会责任（CSR）报告以及新闻报道等来源	上市公司年报、公司官方网站、企业社会责任（CSR）报告以及新闻报道等来源	每年CDP代表机构投资者、采购公司以及政府发出信息披露请求来收集相关数据
样本覆盖范围（家）	7500	7000	13000	8400
等级划分	7个等级，CCC到AAA	12个等级，从D-到A+	5个等级，从可忽略的风险到严峻风险	5个等级，从F到A

　　国际上存在一些非常知名的评级机构，其中许多企业都高度重视明晟评级指数。对于投资者来说，这是至关重要的，因为很多金融机构都会参考该指数中被纳入的公司。如果企业在该指数中表现良好，未来的投融资也将更加顺利。

　　明晟评级体系包含10个主题、37个关键目标，对各个维度进行评分。其数据来源广泛，包括学术研究、政府数据、第三方机构报告以及企业官方披露的信息。每年公布的样本企业约为7500家，尽管中国企业被纳入的比例较小，但总体而言仍然涵盖了数百家企业。

　　汤森路透评级体系包括178个子指标，等级划分的范围更加广泛，从D-到A+共有12个等级。评估来源包括各大公司的官方网站、各类负面报道以及新闻媒体。

　　晨星指标主要衡量企业的风险水平，得分越高代表风险越高；反之，得分越低表示企业表现越好。其评级维度从可忽略风险到严峻风险分为五级，得分越高代表风险越严峻，此时许多基金投融资机构就不会过多进行关注了；而评级结果为可忽略风险则表明企业具有较强的风险规避能力。

　　最后是CDP评级体系，该体系涵盖的样本范围广泛，主要评估气候变化、水资源安全和森林保护三个方面。企业填写问卷并提交相关证明材料，CDP对提交的问卷结果进行评分，最终分数高低也是目前很多企业关注的重点。

11.2.4 国内 ESG 评级体系

相较于国外的 ESG 评级体系，国内的评级尚处于起步阶段，主要受限于披露质量不高且难以量化的问题。国内的评级体系通常在借鉴海外成熟 ESG 评价框架的基础上，根据国内上市公司的信息披露情况以及政府和媒体的数据进行本土化设计。

我国的 ESG 评级体系主要包括商道融绿、华证指数、嘉实、润灵环球、社投盟等。这些评级体系在建设上可能选择与国际标准不同的维度，并结合中国特色的情况和指标，如党建、扶贫、乡村振兴、抗疫、公益捐赠等。

表 11-2 展示了当前国内主流的 ESG 评级体系。

表 11-2 部分国内 ESG 评级体系

机构	商道融绿	华证	嘉实
开始时间	2009	2009	2017
评级体系	ESG 评估指标分为通用指标和行业特定指标，评级时将依据行业的不同赋予不同权重，在对 ESG 信息进行评价打分后，通过加权计算出一家公司的整体 ESG 绩效分数	根据上市公司行业特点构建行业权重矩阵，且实现对于不同行业适用不同指标体系，基于指标得分及权重矩阵，行业加权计算 ESG 评分及 AAA~C 九档评级	基于规则和结构化数据的量化打分机制
指标个数	127 个三级指标，超过 200 个底层数据指标	26 个三级指标，超过 130 个底层数据指标	23 个三级指标，超过 110 个底层数据指标
数据源	企业网站、年报、可持续发展报告、社会责任报告、环境报告、公告、媒体采访、监管部门公告及社会非政府组织调查等	上市公司公开披露数据、社会责任报告、可持续发展报告、国家监管部门公告、新闻媒体数据	上市公司公开披露信息，借助人工智能和自然语言处理技术收集和补充另类数据来源
覆盖股市和个股数量	A 股 800 家公司	全部 A 股上市公司	A 股市场 3800 多家上市公司
更新频率	季度更新	季度更新	月度更新

11.2.5 ESG 与供应链发展

当前，许多企业开始关注 ESG 与供应链的发展。特别是来自国外的供应商/采购商，对上市公司的 ESG 表现提出了要求。未来，ESG 披露不仅仅是企业自身的事情，企业还将承受来自上下游企业的压力。以飞利浦为例，该公司近年来启动了基于科学碳目标的供应链计划。目前，飞利浦的 20 多家供应商作为试点参与了 SBTi 计划，旨在要求所有供应商未来都拥有自己的脱碳计划，以达到科学碳目标的要求。

在国内同样存在这种情况。例如，中国集装箱集团（中集集团）已建立了一个高效的、上下级联动的 ESG 组织和运营体系。图 11-1 所示的三角形框架展示了其组织结构。

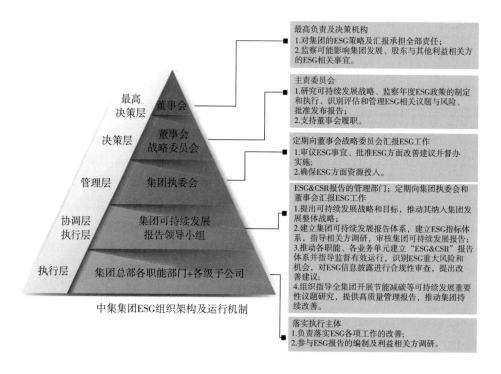

中集集团ESG组织架构及运行机制

图 11-1　中集集团 ESG 组织架构及运行机制

可以看出，中集集团的 ESG 组织结构非常清晰。从董事会、战略委员会、执委会、领导小组到各职能部门，形成了一个系统可持续发展的体系。各个层级按照集团整体目标进行分级化，各司其职，与 ESG 官方倡导的组织结构和模式相符。

在公司或集团的战略端推行可持续发展理念，以董事会为决策主体进行决策和目标制定，然后各部门密切配合完成相关行动。尤其在环境方面，中集集团梳理和披露各类资源能源消耗指标，明确未来计划实施的措施，并采用量化手段进行审核。这有助于企业在 ESG 业绩报告中使用量化指标获得更高的分数。

举例来说，该集团在报告中披露了在能耗总量增长 26% 的情况下碳强度下降了 27% 的数据。同时，新增了 13 家绿色工厂，获得了 ISO 环境体系认证的机构数量也大幅增加。这些翔实的数据和可落实的成功案例是鼓励企业进行信息披露的关键，而不仅仅是空谈宏大目标却缺乏落地项目和执行计划。

11.3　与气候相关的信息披露概念

11.3.1　TCFD 成立背景

如果说 CSR（企业社会责任）代表了企业信息披露的第一阶段，ESG（环境、社会和公司治理）披露是第二阶段，那么 TCFD 指南将成为第三阶段的重要组成部分。由 G20 成员国组成的金融稳定理事会（FSB）下设的气候相关财务信息披露工作小组于 2017 年 6 月发布了第一份正式报告，即《气候相关财务信息披露指南》（TCFD 指南），并随后每年发布工作进展情况报告。TCFD 指南目前是全球影响力最大、获得支持范围最广的财务信息披露标准之一。

TCFD 指南不仅促进了 G20 成员国之间的制度一致性，还为气候相关财务信息披露提供了共同的框架。这一指南为金融机构与企业提供了气候相关数据披露的参考框架，并已获得全球监管机构和资本市场的广泛认可。例如，除了美国证券交易委员会（SEC）外，香港交易及结算所有限公司（港交所）于 2021 年 11 月 5 日发布了《按照 TCFD 指南建议汇报气候信息披露指引》，要求相关企业在 2025 年前根据 TCFD 指南提供披露信息。TCFD 指南的影响力不仅限于官方声明，许多知名的国际组织也纷纷支持并背书这一新标准，以期获得更多国家和企业的信任和采纳。

11.3.2　TCFD 与可持续披露准则 ISSB

支持上述标准的机构包括国际可持续发展准则理事会（ISSB）。从制定国际标准的角度来看，ISSB 致力于整合和利用已有的相关成果和资源，以制定和发布可持续发展披露准则，旨在满足投资者对高质量、透明、可靠和可比的 ESG

信息的需求。2022 年 3 月，ISSB 发布了两份可持续发展披露准则（ISDS）的征求意见稿。这些准则都采用了 TCFD 框架，即治理—战略—风险管理—指标和目标。

11.4　与气候相关的信息披露要点

11.4.1　TCFD 指引文件简介

TCFD 全称为 Task Force on Climate-related Financial Disclosures，由治理、战略、风险管理、指标与目标四大核心要素组成。

一是公司治理。类似于 ESG 中的 "G"，TCFD 的公司治理架构从气候的角度出发，要求企业成立专门的气候相关战略委员会。这个委员会覆盖了董事会、管理层与执行层，它们需要了解整个气候风险的原理和措施，起到衡量气候风险的作用。

二是发展战略。企业需要评估各个时期的风险和机遇，以应对气候变化可能带来的风险。具体包括物理风险和转型风险。物理风险包括极端气候事件可能造成的损失，以及是否需要对厂房和员工进行迁移等。转型风险涉及企业产品或经营模式是否能够在未来得到发展或立足，是否需要调整战略方向。

三是风险管理。企业需要采取各种手段管理气候变化可能带来的风险，将鉴别、评估、管理气候议题的过程与本身的风险管理体系结合起来。未来的目标是将气候相关风险纳入整个风险管理体系中。

四是指标与目标。企业进行评估后，需要将数据量化，并在研究报告中披露具体的目标，如碳达峰时间、单位能耗下降百分比等。同时，企业也需要对外披露关于范围一、二、三类温室气体排放情况，包括 ESG 中环境层面下的危废处理、水资源使用、能源消耗等信息。

11.4.2　TCFD 全球披露呼吁

从全球的情况来看，尽管 TCFD 出现的时间并不长，但在全球范围内已经获得了广泛认可和共识。例如，加拿大、美国、巴西、英国、欧盟、澳大利亚、新加坡等国家和地区都提出了要求，要求与 TCFD 保持相关和尽可能一致。这些要求有些是强制性的，有些是倡议性的。全球各国已经开始在 TCFD 框架下推动进一步的气候信息披露，大部分国家在 2021 年左右都集中提出了自身的相关目标和举措。

11.4.3　欧盟企业可持续发展报告指令（CSRD）

2022 年 11 月 28 日，欧盟最高决策机构欧盟理事会最终通过并签署了《企业可持续发展报告指令》（Corporate Sustainability Reporting Directive，CSRD）。CSRD 将取代并显著扩大欧盟现行可持续性报告要求的企业覆盖范围。该指令将制定新的欧洲可持续发展报告标准（European Sustainability Reporting Standards，ESRS），由欧洲财务报告咨询小组（European Financial Reporting Advisory Group，EFRAG）负责制定标准草案。ESRS 将基于"气候相关财务信息披露工作小组"（Task Force on Climate-related Financial Disclosures，TCFD）的建议，并得到了"全球报告倡议组织"（Global Reporting Initiative，GRI）提供的大量技术支持。这种技术支持旨在确保 GRI 标准与 ESRS 具有互用性，从而促进全球范围内的可持续发展报告的一致性和可比性。

自 2021 年欧盟委员会首次提交法案以来，已经近三年的时间，终于迎来了 CSRD 正式生效的一天。CSRD 的适用范围从生效开始，要求受 CSRD 约束的企业在 2025 年之前按照指令要求进行披露。

《非财务报告指令》（Non-Financial Reporting Directive，NFRD）可以理解为 CSRD 的前身，它代表了欧盟对环境、社会和治理（ESG）要求的早期阶段。相对而言，NFRD 公布的范围较小，仅涵盖几百家企业。现在，原先在 NFRD 体系内的企业被要求强制披露符合 CSRD 标准的报告。此外，CSRD 的实施计划在 2026 年扩大范围，要求欧盟的大型公司进行数据披露；到 2027 年，所有欧盟上市的中小型企业都必须进行信息披露。对于非欧盟公司，在欧盟的营业额达到 1.5 亿欧元并且至少拥有一家子公司或分支机构的情况下，也必须进行披露。

11.4.4　欧洲企业可持续发展报告标准（ESRS）与 TCFD 对比

ESRS 基本覆盖了 TCFD 的相关要求，并在其基础上进行了补充，引入了双重重要性概念。这意味着不仅要求企业从内向外评估其对环境和人的影响，包括与环境、社会和治理事项的关联，还需要从外向内评估可持续性议题对企业财务的影响。

表 11-3 TCFD 与 ESRS 对比

	TCFD	ESRS
公司治理	• 披露董事会对气候相关风险和机会的监督和管理层在评估和管理与气候相关的风险和机会方面的作用	• 覆盖了 TCFD 中关于公司治理的相关要求 • 补充了公司是否有与可持续事项有关的激励政策 • 补充了可持续事项如何影响公司的发展业绩和地位
风险管理	• 披露识别和评估气候风险的过程 • 公司管理气候相关风险的程序以及如何识别 • 评估和管理气候相关风险程序纳入公司的整体风险管理	• 覆盖了 TCFD 相关要求 • 补充在风险和机遇的基础上考虑到带来的影响 • 对风险的识别和评估提出更详细的要求 • 提供更详细的气候情景
战略策略	• 公司在短期、中期和长期内气候相关风险和机会影响 • 气候相关议题对企业商业模式、战略及财务规划的影响 • 不同气候相关场景分析和应对路径	• 覆盖了 TCFD 相关要求 • 更明确地提到与全球变暖限制在 1.5℃ 的要求一致
指标目标	• 组织机构评估气候相关风险与机遇的标准 • 温室气体排放情况 • 应对气候相关议题的目标以及表现	• 覆盖了 TCFD 相关要求 • 要求目标与 2030 年和 2050 年保持一致 • 通往净零的途径介绍

通过对比 TCFD 和 ESRS 信息，我们可以发现双重重要性概念已被国际社会广泛认可。这一概念要求企业不仅要评估自身做得如何，还需考虑外部因素对企业财务的影响，类似于对 ESG 和 TCFD 进行深度融合的概念。

在两者的对比中，我们可以看到在公司治理方面，ESRS 除了要求披露 TCFD 中董事会决策相关数据外，还补充了相应的可持续发展激励政策和行业地位信息。在风险管理方面，ESRS 要求对物理和转型风险提出更详细的要求，并要求对气候情景进行更细致的阐明，如具体到限制升温几摄氏度的情况。

在战略层面，ESRS 进一步提出了必须与 1.5℃ 温升限制要求一致的指标。这是因为《巴黎协定》的目标是将温升控制在 2℃ 以内，并努力实现 1.5℃ 的目标。因此，ESRS 严格要求企业以 1.5℃ 为标准，并要求其指标符合欧盟 2030 年、2050 年的目标，因为欧盟提出了 2050 年实现碳中和，并对净零目标提出了要求。

实际上，欧盟、美国、证监会、港交所等都新出台了与 TCFD 密切相关的各类政策，并会在此基础上添加了一些与欧盟相关的元素，以促使企业进行进一步的信息披露。

11.5　ESG、TCFD 与未来展望

11.5.1　ESG 与"双碳"

将 ESG 与金融领域的投资相结合实际上有助于企业更好地增强抗风险能力和投资者信心。虽然 ESG 在我国起步较晚，但其可持续发展、绿色低碳等核心理念与"双碳"目标不谋而合。我国越来越多的机构在 ESG 报告中发布"双碳"行动方案，"双碳"目标逐渐成为 ESG 在环境维度的核心概念之一，并推动了很多气候投融资细分领域的形成。因此，大力发展 ESG 也意味着助推"双碳"目标的实现。

减碳的过程实质上为企业自身带来了降低成本的好处。企业通过将原本用于购买电力的资金投入到改进装备以降低能耗，能够实现长期的节约用电，从而在某种程度上提高了盈利能力，同时也提高了抗风险水平。

此外，在政策监管、金融支持和企业运营等方面都有很大的益处：

（1）政策层面：帮助企业进行绿色转型。央行率先发布了关于绿色金融和绿色贷款的政策要求，为企业更好地实施碳中和战略提供了政策支持。

（2）企业层面：许多企业都提出了自己的双碳目标，即碳达峰和碳中和的目标。例如，阿里巴巴在其最新发布的业绩报告中宣布了其碳中和目标和实现路径，这体现了公司对可持续发展的承诺。报告中详细阐述了其减排措施、可再生能源使用计划以及对绿色技术的投资等策略。蒙牛、伊利等乳制品企业也计划建立零碳养殖场、零碳园区、零碳工厂等，这些都是企业战略层面的重要布局，旨在减少温室气体排放，推动企业向低碳经济转型。

（3）对于 TCFD 的情况也是一样的，特别是一些高排放行业（如石油化工、电力等），通过技术转型能够实现成本降低和效率提升，增强其国际影响力，同时对企业财务也会产生更加积极正面的影响。

11.5.2　企业关于 TCFD 的探索

以中国工商银行为例，该银行在公司战略层面对集团整体战略进行了调整，将原本零散的指标整合为一个评价体系。同时，该银行积极开展了气候和相关模型数据的智能化调研，并将碳减排纳入企业自身的风控体系中。通过技术支持，

他们能够实时评价和衡量资产规模和风险点。

公司战略

确立绿色低碳的战略和政策。将绿色低碳纳入集团战略管理，围绕碳达峰碳中和目标，明确战略导向，明确碳偏好与落地政策，积极配置资源，统筹形成持续合力，为经济社会绿色低碳转型提供全方位金融服务

评价体系

工商银行增强气候风险防控体系研究，开展对国内外气候风险评级模型、数据的调研，逐步将气候风险和碳因素纳入内部评级体系

系统智能化

建立气候风险数据库，将气候风险纳入智能化风控体系，为气候风险的全流程管理提供系统化支持

风险压力测试体系

参考国际经验构建气候风险压力测试体系。包括物理风险和转型风险压力测试

风险管理

明确了治理架构三道防线职责、偏好与限额、制度与流程，明确的气候风险识别、计量、监测、报告、控制的手段，包括建立气候风险压力测试和预警体系，完善数据和IT系统

风险信息披露体系

形成了以绿色金融专题报告、社会责任报告（ESG报告）、绿色债券年度报告为主体的信息披露体系。积极参与TCFD国际规则制定，促使TCFD披露建议更加适宜中国国情

中国工商银行

图 11-2 中国工商银行的相关 TCFD 探索

总的来说，尽管相对于国际社会而言，中国的 ESG 发展相对较晚，始于 2018 年之后，但未来其定将成为一个重要窗口。虽然我们并未强制企业披露自身的 ESG 报告，也未像西方发达国家那样进行严格的立法强制约束，覆盖范围也尚未全面（目前只有香港交易所在实行 ESG 报告相关工作，上海证券交易所只是倡导），但未来 ESG 信息披露定将大有可为，并成为企业常态化报告披露的一部分。

11.5.3 未来展望

在这一背景下，TCFD 的出现为气候相关的财务信息披露提供了一个良好的框架。由于 TCFD 拥有一套明确的官方披露指南，各个企业可以按照这些指南进行信息披露。结合本章所讲的中国工商银行案例，未来我们将综合考虑国内的现实情况，并借鉴国外积极的经验，同时充分利用大数据平台、压力测试、智能化工具等手段，最终协助企业进行绿色转型，实现我国提出的双碳目标。

参考文献

［1］Ali, H. , & Titah, R. （2021）. Is big data used by cities? Understanding the nature and antecedents of big data use by municipalities. Government Information Quarterly, 38 （4）, 101600.

［2］Amel-Zadeh, A. , & Serafeim, G. （2018）. Why and how investors use ESG information：Evidence from a global survey. Financial Analysts Journal, 74 （3）, 87-103.

［3］Anderson, D. A. （2019）. Environmental economics and natural resource management. London：Routledge.

［4］Apple. （2023）.2023 年环境进展报告.Apple （中国大陆）.

［5］Arif, M. , & Egbu, C. （2010）. Making a case for offsite construction in China. Engineering, Construction and Architectural Management, 17 （6）, 536-548.

［6］Bag, S. , Gupta, S. , & Kumar, S. （2021）.Industry 4. 0 adoption and 10R advance manufacturing capabilities for sustainable development. International Journal of Production Economics, 231, 107844.

［7］Ballestero, E. , Bravo, M. , Pérez-Gladish, B. , Arenas-Parra M. , & Plà-Santamaria, D. （2012）.Socially responsible investment：A multicriteria approach to portfolio selection combining ethical and financial objectives. European Journal of Operational Research, 216 （2）, 487-494.

［8］Berry. T. C. , & Junkus, J. C. （2013）.Socially responsible investing：An investor perspective. Journal of Business Ethics, 112, 707-720.

［9］Bhuiyan, B. U. , Huang, H. J. , & de Villiers, C. （2021）. Determinants of environmental investment：Evidence from Europe. Journal of Cleaner Production, 292, 125990.

［10］Blismas, N. , & Wakefield, R. （2009）.Drivers, constraints and the future of offsite manufacture in Australia. Construction Innovation, 9 (1), 72–83.

［11］Borghesi, R., Houston, J. F., Naranjo, A. (2014) . Corporate socially responsible investments: CEO altruism, reputation, and shareholder interests. Journal of Corporate Finance, 26, 164–181.

［12］Chan, H. K., Yee, R. W. Y., Dai, J., & Lim, M. K. (2016) . The moderating effect of environmental dynamism on green product innovation and performance. International Journal of Production Economics, 181, 384–391.

［13］Chen, Y., Awasthi, A. K., Wei, F., Tan, Q., & Li, J. (2021) . Single-use plastics: Production, usage, disposal, and adverse impacts. Science of the Total Environment, 752, 141772.

［14］Chen, Z., & Xie, G. (2022) . ESG disclosure and financial performance: Moderating role of ESG investors. International Review of Financial Analysis, 83, 102291.

［15］Chiang, Y. H., Chan, E. H. W., & Lok, L. K. L. (2006) . Prefabrication and barriers to entry—A case study of public housing and institutional buildings in Hong Kong. Habitat International, 30 (3), 482–499.

［16］Crane, A., Matten, D., & Spence, L. J. (2014) . Corporate social responsibility: Readings and cases in a global context. New York: Routledge.

［17］Dadhich, M., & Hiran, K. K. (2022) . Empirical investigation of extended TOE model on Corporate Environment Sustainability and dimensions of operating performance of SMEs: A high order PLS–ANN approach. Journal of Cleaner Production, 363, 132309.

［18］Du, K., Cheng, Y., & Yao, X. (2021) . Environmental regulation, green technology innovation, and industrial structure upgrading: The road to the green transformation of Chinese cities. Energy Economics, 98, 105247.

［19］Dyck, A., Lins, K. V., Roth, L., & Wagner, H. F. (2019) . Do institutional investors drive corporate social responsibility? International evidence. Journal of Financial Economics, 131 (3), 693–714.

［20］Eccles, R. G., Lee, L. E., & Stroehle, J. C. (2020) . The social origins of ESG: An analysis of innovest and KLD. Organization & Environment, 33 (4), 575–596.

［21］Flammer, C. (2013) . Corporate social responsibility and shareholder reaction: The environmental awareness of investors. Academy of Management Journal, 56 (3), 758–781.

[22] Formankova, S., Trenz, O., Faldik, O., Kolomaznik, J., & Sladko-va, J. (2019). Millennials' awareness and approach to social responsibility and investment case study of the Czech Republic. Sustainability, 11 (2), 504.

[23] Fuller, T., & Tian, Y. (2006). Social and symbolic capital and responsible entrepreneurship: An empirical investigation of SME narratives. Journal of Business Ethics, 67, 287–304.

[24] Giese, G., Lee, L. E., Melas, D., Nagy, Z., & Nishikawa, L. (2019). Foundations of ESG investing: How ESG affects equity valuation, risk, and performance. The Journal of Portfolio Management, 45 (5), 69–83.

[25] Greenstone, M., & Hanna, R. (2014). Environmental regulations, air and water pollution, and infant mortality in India. American Economic Review, 104 (10), 3038–3072.

[26] Griffin, D., Guedhami, O., Li, K., & Lu, G. (2021). National culture and the value implications of corporate environmental and social performance. Journal of Corporate Finance, 71, 102123.

[27] Hamilton, S., Jo, H., & Statman, M. (1993). Doing well while doing good? The investment performance of socially responsible mutual funds. Financial Analysts Journal, 49 (6), 62–66.

[28] Hao, J., & He, F. (2022). Corporate social responsibility (CSR) performance and green innovation: Evidence from China. Finance Research Letters, 48, 102889.

[29] Hofmann, D. W. (2002). Internet-based distance learning in higher education. Tech Directions, 62 (1), 28–32.

[30] Hsu, H. Y., Liu, F. H., Tsou, H. T., & Chen, L. J. (2018). Openness of technology adoption, top management support and service innovation: A social innovation perspective. Journal of Business & Industrial Marketing, 34 (3), 575–590.

[31] Iansiti, M., & Lakhani, K. R. (2017). The truth about blockchain. Harvard Business Review, 95 (1), 118–127.

[32] ICAP, Allowance price explorer, no date.

［33］ICAP. （2023）. Emissions trading worldwide： Status Report 2023. Berlin： International Carbon Action Partnership.

［34］Khan, S. Z. , Yang, Q. , & Waheed, A. （2019）. Investment in intangible resources and capabilities spurs sustainable competitive advantage and firm performance. Corporate Social Responsibility and Environmental Management, 26 （2）, 285-295.

［35］Kim, H. D. , Kim, T. , Kim, Y. , & Park, K. （2019）. Do long-term institutional investors promote corporate social responsibility activities? Journal of Banking & Finance, 101, 256-269.

［36］Kim, J. W. , & Park, C. K. （2023）. Can ESG performance mitigate information asymmetry? Moderating effect of assurance services. Applied Economics, 55 （26）, 2993-3007.

［37］Lai, L. W. C. , & Lorne, F. T. （2015）. The Fourth Coase Theorem： State planning rules and spontaneity in action. Planning Theory, 14 （1）, 44-69.

［38］Lepoutre, J. , & Heene, A. （2006）. Investigating the impact of firm size on small business social responsibility： A critical review. Journal of Business Ethics, 67, 257-273.

［39］Li, H. , Guo, H. L. , Skitmore, M. , Huang, T. , Chan, K. Y. N. , & Chan, G. （2011）. Rethinking prefabricated construction management using the VP-based IKEA model in Hong Kong. Construction Management and Economics, 29 （3）, 233-245.

［40］Lin, Y. , Huang, R. , & Yao, X. （2021）. Air pollution and environmental information disclosure： An empirical study based on heavy polluting industries. Journal of Cleaner Production, 278, 124313.

［41］Mahoney, L. S. , & Thorn, L. （2006）. An examination of the structure of executive compensation and corporate social responsibility： A Canadian investigation. Journal of Business Ethics, 69, 149-162.

［42］Mao, C. , Shen, Q. , Pan, W. , & Ye, K. （2015）. Major barriers to off-site construction： The developer's perspective in China. Journal of Management in Engineering, 31 （3）, 04014043.

［43］McLachlan, J. , & Gardner, J. （2004）. A comparison of socially responsible and conventional investors. Journal of Business Ethics, 52, 11-25.

［44］ Microsoft. （2022）. 2022 environmental sustainability report. Microsoft.

［45］ Nestlé. （n. d. ）Climate change. Nestlé China.

［46］ Nguyen, P. A. , Kecskés, A. , & Mansi, S. （2020）. Does corporate social responsibility create shareholder value? The importance of long-term investors. Journal of Banking & Finance, 112, 105217.

［47］ Nilsson, J. （2008）. Investment with a conscience: Examining the impact of pro-social attitudes and perceived financial performance on socially responsible investment behavior. Journal of Business Ethics, 83, 307-325.

［48］ Orji, I. J. , Kusi-Sarpong, S. , Huang, S. , & Vazquez-Brust, D. （2020）. Evaluating the factors that influence blockchain adoption in the freight logistics industry. Transportation Research Part E: Logistics and Transportation Review, 141, 102025.

［49］ Peng, B. , Tu, Y. , & Wei, G. （2018）. Can environmental regulations promote corporate environmental responsibility? Evidence from the moderated mediating effect model and an empirical study in China. Sustainability, 10 （3）, 641.

［50］ Pilkington, M. （2016）. Blockchain technology: Principles and applications. In F. X. Olleros & M. Zhegu （Eds. ）, Research handbook on digital transformations （pp. 225-253）. Edward Elgar Publishing.

［51］ Qiu, M. , & Yin, H. （2019）. An analysis of enterprises' financing cost with ESG performance under the background of ecological civilization construction. The Journal of Quantitative and Technical Economics, 36 （3）, 108-123.

［52］ Reimsbach, D. , Hahn, R. , & Gürtürk, A. （2018）. Integrated reporting and assurance of sustainability information: An experimental study on professional investors' information processing. European Accounting Review, 27 （3）, 559-581.

［53］ Renneboog, L. , Ter Horst. J. , & Zhang, C. （2008）. Socially responsible investments: Institutional aspects, performance, and investor behavior. Journal of Banking & Finance, 32 （9）, 1723-1742.

［54］ Renneboog, L. , Ter Horst. J. , & Zhang, C. （2011）. Is ethical money financially smart? Nonfinancial attributes and money flows of socially responsible investment funds. Journal of Financial Intermediation, 20 （4）, 562-588.

［55］ Riedl, A. , & Smeets, P. （2017）. Why do investors hold socially responsible mutual funds? The Journal of Finance, 72 （6）, 2505-2550.

［56］ Sara, J. （2023）. State and Trends of Carbon Pricing 2023. World Bank Group.

［57］ Sumner, M., & Hostetler, D. （1999）. Factors influencing the adoption of technology in teaching. Journal of Computer Information Systems, 40 （1）, 81-87.

［58］ Tornatzky, L. G., Fleischer, M., & Chakrabarti, A. K. （1990）. Processes of technological innovation. Lexington: D. C. Health & Company.

［59］ Van Duuren, E., Plantinga, A., & Scholtens, B. （2016）. ESG integration and the investment management process: Fundamental investing reinvented. Journal of Business Ethics, 138, 525-533.

［60］ Walmart. （2023）. Environmental, social, and governance highlights. Walmart.

［61］ Wamba, S. F., Queiroz, M. M., & Trinchera, L. （2020）. Dynamics between blockchain adoption determinants and supply chain performance: An empirical investigation. International Journal of Production Economics, 229, 107791.

［62］ Wang, S., Chen, S. C., Ali, M. H., & Tseng, M. L. （2023）. Nexus of environmental, social, and governance performance in China-listed companies: Disclosure and green bond issuance. Business Strategy and the Environment, 33 （3）, 1647-1660.

［63］ Wang, S., & Wang, D. （2022）. Exploring the relationship between ESG performance and green bond issuance. Frontiers in Public Health, 10, 897577.

［64］ Wang, Y., Singgih, M., Wang, J., & Rit, M. （2019）. Making sense of blockchain technology: How will it transform supply chains? International Journal of Production Economics, 211, 221-236.

［65］ Wikimedia Commons, File: World fossil carbon dioxide emissions six top countries and confederations. png, 2023-10-25.

［66］ Wong, L. W., Leong, L. Y., Hew, J. J., Tan, G. W. H., & Ooi, K. B. （2020）. Time to seize the digital evolution: Adoption of blockchain in operations and supply chain management among Malaysian SMEs. International Journal of Information Management, 52, 101997.

［67］ Wong, L. W., Tan, G. W. H., Lee, V. H., Ooi, K. B., & Sohal, A. （2020）. Unearthing the determinants of Blockchain adoption in supply chain management. International Journal of Production Research, 58 （7）, 2100-2123.

［68］Xu, X., Xie, Y., Xiong, F., & Li, Y. (2022). The impact of CO-VID-19 on investors' investment intention of sustainability-related investment：Evidence from China. Sustainability, 14 (9), 5325.

［69］Yao, R., Fei, Y., Wang, Z., Yao, X., & Yang, S. (2023). The impact of China's ETS on corporate green governance based on the perspective of corporate ESG performance. International Journal of Environmental Research and Public Health, 20 (3), 2292.

［70］Zahoor, Z., Khan, I., & Hou, F. (2022). Clean energy investment and financial development as determinants of environment and sustainable economic growth：evidence from China. Environmental Science and Pollution Research, 29, 16006-16016.

［71］Zhang, J. Q., Zhu, H., & Ding, H. (2013). Board composition and corporate social responsibility：An empirical investigation in the post Sarbanes-Oxley era. Journal of Business Ethics, 114, 381-392.

［72］Zhang, Y., Zhang, Y., & Sun, Z. (2023). The impact of carbon emission trading policy on enterprise ESG performance：Evidence from China. Sustainability, 15 (10), 8279.

［73］Zhu, Q., Sarkis, J., & Geng, Y. (2005). Green supply chain management in China：Pressures, practices and performance. International Journal of Operations & Production Management, 25 (5), 449-468.

［74］蔡博峰，李琦，张贤，许晓艺，郭静，庞凌云，马乔. (2024). 中国区域二氧化碳地质封存经济可行性研究——中国二氧化碳捕集利用与封存（CCUS）年度报告（2024）. 北京：生态环境部环境规划院.

［75］郭菊娥，陈辰，邢光远. (2021). 可持续投资支持"新基建"重塑中国价值链. 西安交通大学学报（社会科学版），41 (2)，11-18.

［76］刘均伟，郭婉祺，金成. (2024). 绿色投资（2）：CCER 重启完善碳市场，碳资产价值几何？中金量化及 ESG. 2024-01-30.

［77］吕钰洁. (2019). 我国上市公司会计政策选择问题与对策研究. 商场现代化，(1)，144-145.

［78］梅赛德斯-奔驰（中国）. (2023). 可持续发展蓝皮书 2022—2023. 北京：梅赛德斯-奔驰（中国）投资有限公司.

［79］孟猛猛，谈湘雨，刘思蕊，雷家骕. (2023). 企业 ESG 表现对绿色

创新的影响研究．技术经济，42（7），13-24.

[80] 倪受彬．（2023）．受托人 ESG 投资与信义义务的冲突及协调．东方法学，（4），138-151.

[81] 瑞欧科技，什么是 CCER？如何开发 CCER 及 CCER 的开发流程？2022-12-22.

[82] 汪海凤，韩刚，侯君霞．（2023）．绿色投资的驱动因素研究——来自我国 A 股制造业上市公司的经验证据．新疆财经大学学报，（4），41-52.

[83] 王怀明，王鹏．（2016）．社会责任投资基金业绩与投资者选择．财经问题研究，（2），46-53.

[84] 王科，李世龙，李思阳，王智鑫，鲜玉娇，魏一鸣．（2023）．中国碳市场回顾与最优行业纳入顺序展望．北京：北京理工大学能源与环境政策研究中心．

[85] 王珊珊，胡春玲（2024）．动机、行为与作用结果：ESG 投资相关研究评述与展望．中国集体经济．

[86] 王珊珊，王爱伟．（2023）．碳中和之路．北京：中国环境出版社．

[87] 王珊珊，王萱（2024）．塑料信用政策对企业 ESG 绩效的影响．中国管理信息化．

[88] 武学．全球碳交易的现状与展望．财经，2023-10-03.

[89] 杨薇，孔东民．（2017）．媒体关注与企业的社会责任投资：基于消费品行业的证据．投资研究，36（9），16-33.

[90] 尹珏林．（2012）．中国企业履责动因机制实证研究．管理学报，9（11），1679-1688.

[91] 张戎，朱书尚，吴莹，陈铭权．（2021）．基于基金持股的社会责任投资行为及绩效研究．管理学报，18（12），1840-1850.

[92] 中华人民共和国生态环境部．全国碳市场第一个履约周期顺利结束，2021-12-31.

[93] 朱鸿鸣，赵昌文，汪日垚，江海南．（2012）．社会责任投资适合中国资本市场吗？——来自社会责任指数的证据．天府新论，（4），57-61.

致　谢

　　本书是我撰写的第三本专著，此前，我于 2020 年出版了第一本专著《中国移动银行发展研究》。该书整理了我在金融业移动支付方面的研究成果，这也是我博士阶段研究的方向之一。随后，我的研究重心逐渐转向 ESG 和碳交易领域。

　　2021 年，我决定响应国家提出的双碳目标，将研究重心调整至碳中和领域，并于次年出版了《碳中和之路》。在撰写该书的过程中，我不仅加深了对绿色金融的理解，还借鉴了早期移动支付研究的经验，开拓了新的研究方向。

　　本书的撰写始于 2022 年 10 月，完成于 2024 年 2 月，经历了两年的学习与思考。相较前作，本书更加注重实践操作，旨在为读者提供更多实用的指导。在此，我要特别感谢家人、老师和朋友们在我写作过程中给予的支持与鼓励！我将怀着一颗感恩的心不断前行！

王珊珊

2024 年 2 月